阿部信行　著

許郁文　譯

網路行銷、社群經營必會！

Premiere

影音剪輯實務

Premiere Pro スーパーリファレンス

感謝您購買旗標書，
記得到旗標網站
www.flag.com.tw
更多的加值內容等著您…

<請下載 QR Code App 來掃描>

● FB 官方粉絲專頁：旗標知識講堂

● 旗標「線上購買」專區：您不用出門就可選購旗標書！

● 如您對本書內容有不明瞭或建議改進之處，請連上
旗標網站，點選首頁的 聯絡我們 專區。

若需線上即時詢問問題，可點選旗標官方粉絲專頁
留言詢問，小編客服隨時待命，盡速回覆。

若是寄信聯絡旗標客服 email，我們收到您的訊息
後，將由專業客服人員為您解答。

我們所提供的售後服務範圍僅限於書籍本身或內
容表達不清楚的地方，至於軟硬體的問題，請直接
連絡廠商。

學生團體	訂購專線：(02)2396-3257 轉 362
	傳真專線：(02)2321-2545
經銷商	服務專線：(02)2396-3257 轉 331
	將派專人拜訪
	傳真專線：(02)2321-2545

國家圖書館出版品預行編目資料

網路行銷‧社群經營必會！Premiere Pro 影音剪輯實務
阿部信行 著；許郁文 譯
臺北市：旗標，2019.06　面；　公分

ISBN 978-986-312-519-8 (平裝附光碟片)

1.多媒體　　2.數位影像處理

312.8　　　　　　　　　　　　107003909

作　　者／阿部信行
翻譯著作人／旗標科技股份有限公司
發 行 所／旗標科技股份有限公司
　　　　　　台北市杭州南路一段15-1號19樓
電　　話／(02)2396-3257(代表號)
傳　　真／(02)2321-2545
劃撥帳號／1332727-9
帳　　戶／旗標科技股份有限公司
監　　督／陳彥發
執行企劃／林佳怡
執行編輯／林佳怡
美術編輯／薛詩盈
封面設計／古鴻杰
校　　對／林佳怡

新台幣售價：650 元
西元 2024 年 7 月初版 5 刷
行政院新聞局核准登記-局版台業字第 4512 號
ISBN　978-986-312-519-8
版權所有‧翻印必究

序

　本書是帶您了解 Adobe 視訊編輯軟體「Adobe Premiere Pro CC 2019」基本操作的超級參考手冊。雖然本書是根據「Adobe Premiere Pro CC 2019」的軟體界面所撰寫，但是為了讓之前的 Premiere Pro 使用者也能使用，內容也支援「Premiere Pro CS6」、「Premiere Pro CC」、「Premiere Pro CC 2014」、「Premiere Pro CC 2015」、「Premiere Pro CC 2015.3」、「Premiere Pro CC 2017」、「Premiere Pro CC 2018」，因此，舊版的使用者也能參考本書。

　視訊已融入我們的生活中，成為非常普及的資訊傳遞媒體，許多人也以不同的型態來應用。在此之前，提到影片編輯，大多數人都會想委託會編輯的人或是業者，但現在已經演變成一切盡可能靠自己的趨勢。理由之一是許多使用者可透過 Creative Cloud 使用 Premiere Pro CC。當然理由不只這樣，有許多人了解視訊含有大量的資訊，也希望能親手傳遞這些資訊。

　儘管如此，利用 Premiere Pro CC 或是其他編輯軟體，還是給人高門檻的印象，雖然 Premiere Pro CC 現在的版本已經變得容易使用，但不代表每個人都能輕鬆上手。不過想利用 Premiere Pro CC 編輯影片的使用者有越來越多的趨勢，這也是不爭的事實。

　本書的目標族群是「希望能自由自在編輯影片、傳遞資訊！」的使用者，也希望讓大家知道，只要學會基本操作就能活用 Premiere Pro 這件事，因此以簡單易懂的方式解說各項操作。如果您不太了解 Premiere Pro CC 的使用方法，請務必先翻閱本書，一定能從中找到解決問題的提示，而且每一頁的內容都是如此構成。

　如果本書能帶領更多人投入 Premiere Pro CC 的世界，那將是作者的萬分榮幸。

2017 年 1 月
阿部信行

下載範例檔案

本書所示範的視訊檔案，請透過網頁瀏覽器 (如：Firefox、Google Chrome、…等) 連到以下網址，將檔案下載到你的電腦中，以便跟著書上的說明進行操作。

範例檔案下載連結：

https://www.flag.com.tw/DL.asp?F9181

(輸入下載連結時，請注意大小寫必須相同)

將檔案下載到你的電腦中，只要解開壓縮檔案就可以使用了！

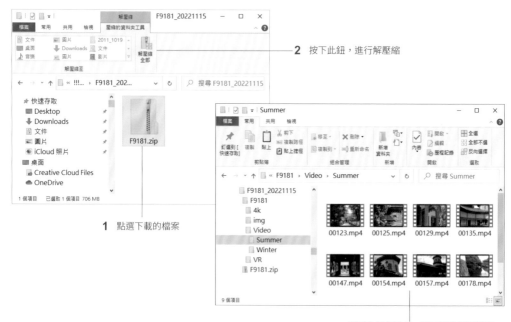

2 按下此鈕，進行解壓縮

1 點選下載的檔案

點開各個資料夾，即可瀏覽視訊檔案

· Adobe Creative Cloud、Adobe Premiere Pro、Adobe Photoshop、Adobe Illustrator、Adobe Media Encoder、
  Adobe Encore CS6、Adobe Capture、Adobe Premiere Clip 是 Adobe 公司的商標。
· Windows 是美國 Microsoft Corporation 在美國及其他國家的註冊商標。
· Mac、macOS、OS X 是美國 Apple Inc. 在美國及其他國家的註冊商標。
· 其他公司名稱、商品名稱屬於相關公司的商標或註冊商標，本文中省略標示。
· 關於出現在本書中的說明及範例執行結果，筆者及 Sotech (股) 公司概不負任何責任，請根據您個人的責任範圍來執行。
· 本書在製作時，已力求正確描述，萬一內容有誤或描述不正確，本公司概不負任何責任。
· 本書的內容是根據當時的軟體狀況所寫，軟體可能會有更新，造成與書中內容不同的情形。此外，受到作業系統環境、
  硬體環境的影響，可能發生無法按照書中說明的操作來執行的情形，敬請見諒。

CONTENTS

CHAPTER 1　Premiere Pro 的基礎

CHAPTER 2　編輯影片

CHAPTER 3　套用「效果」讓影片變得更精彩

CHAPTER 4　用 Premiere Pro 進行色彩校正

CHAPTER 5　Motion 設定與影像的合成

CHAPTER 6　建立標題字幕

CHAPTER 7　使用音訊檔案

CHAPTER 8　輸出影片檔

CHAPTER 9　**編輯 VR 影片**

CHAPTER 10　**在行動裝置使用「Premiere Clip」編輯影片**

本書的讀法、用法

　　Super Reference 系列主要以初學者到中階者為對象，是利用大量豐富的彩色圖文，解說應用程式用法的參考手冊。

　　本書目標讀者是初次使用「Adobe Premiere Pro」的初學者，以及在視訊處理領域的中階使用者。若您希望學會用 Premiere Pro 編輯視訊或製作網路影片的方法，看完本書將學會所有功能。

▶ **初學者**

　　初學者可先從 CHAPTER 1 了解視訊編輯的基礎知識、Premiere Pro 的介面、各種面板、時間軸、工作區域這些基本操作，再於 CHAPTER 2 之後的章節學習視訊、音訊的編輯／合成、標題的製作、各種特效處理以及最後的視訊輸出。

▶ **進階的內容與快速鍵可參考 TIPS 的說明**

　　一些方便的秘技與快速鍵都寫在 TIPS 裡。剛開始接觸 Premiere Pro 的讀者可先跳過這個部分。

▶ **注意事項請參考 POINT**

　　與操作有關的內容，必須特別注意的事項，會在 POINT 中說明。

▶ **在學校、研討會使用**

　　本書各章內容以講義的形式編排，可運用在 Premiere Pro 的教學、演講或研討會上。

▶ **本書的操作環境**

　　本書雖然是在 Windows 10 的環境下進行操作，但是其他 Windows 版本或 Mac 使用者，也能以相同的操作方式學會書中的內容。Mac 使用者請如下解讀快速鍵。

Ctrl 鍵→ ⌘ 鍵　　　　Alt 鍵→ option 鍵

本書的結構

本書是由以下項目構成。各章是依照功能及操作由單元所構成，可以讓你立刻找到想瞭解的主題。操作過程會按照編號順序來說明，初學者也能簡單掌握操作方法。

各章細分成多個單元。想要瞭解更具體的內容或功能時，請利用單元編號及名稱來尋找

支援版本顯示為白色，不支援版本顯示成灰色

引言扼要說明了該單元的內容

使用頻率分成 3 個等級

依照步驟編號來執行操作，可以輕鬆學會操作

在 POINT 中，說明本文及步驟中沒有提到的注意事項及替代性操作方法等

在 TIPS 中，說明了新功能及與該單元有關的技巧

編註：在 **Adobe Creative Cloud** 的偏好設定中，如果語系選擇「繁體中文」，那麼下載、安裝 Adobe Premiere Pro 後，軟體介面會是「簡體中文」，雖然簡體中文在閱讀上不是太困難，但有些專有名詞、慣用語跟繁體中文差異很大，而且網路上許多 Premiere Pro 的相關教學也是以英文為主，為避免用語上的困擾，所以本書以 Premiere Pro 的英文界面為主。

1

—

Premiere Pro的基礎

本章要解說影片剪輯所需的基礎知識以及 Premiere Pro 的操作。要學會影片剪輯，就必須認識「影格」、「影格速率」及「時間碼」這三個專有名詞，這樣之後才能了解正在編輯影片檔案的哪個部分。

1-1
影片的基本知識：影格與影格速率

使用頻率	
★ ★ ★	首先，要介紹編輯影片的基本知識。編輯影片有三個重要的基本用語，在此先針對影格及影格速率做說明，下一節再說明時間碼。

▍影格

　　影片如何表現動態感呢？基本上是以靜態圖片來呈現。當影片以高速切換多張靜態圖片時，就能呈現動態感。我們用數位相機所拍攝的 JPEG 格式照片就是靜態圖片，在編輯影片時，一張張的靜態圖片，基本上就稱為影格。

▶ 影片的基本是「影格」

▍利用 GIF 動畫製作影片

　　以數位相機高速連拍的照片，可利用 Photoshop 中的時間軸面板，製作成 GIF 動畫，而 GIF 動畫可以輕鬆製作成簡單的影片。動作雖然不是那麼連貫，但也算是陽春的影片。

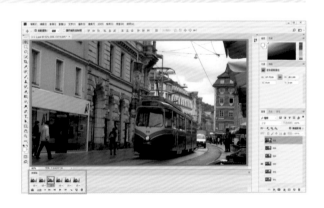

這裡設定每 0.5 秒顯示一張照片的速度，製作 GIF 動畫。

雖然播放時有點「頓頓地」感覺，但這就是影片的基本構造。

影格速率

剛剛提過，影片是以高速切換影格的方式來呈現動感，那麼 1 秒鐘切換幾個影格呢？一般而言，大約每秒切換 30 個影格。像這樣每秒切換多少影格，就稱為影格速率。舉例來說，每秒鐘切換 30 個影格，稱為 30 影格速率。影格速率通常會寫成 fps（frame per second）。

▶ 影格速率的種類

Premiere Pro 可在輸出影片 (File → Export) 時，指定影片的影格速率。一般會使用 29.97fps（參考 1-6 頁）的影格速率，但也可以使用和螢幕相同的顯示頻率。

例如，要製作卡通動畫可設為 15fps；若想呈現如電影般的精緻畫面，可設成 25fps。

▶ 每秒顯示 30 個影格如何表示？

30 影格速率 ➡ 30fps

1-2
時間碼

| 使用頻率 ★ ★ ★ | 要從大量影格中指定特定影格時，可用時間碼這種專門指定影格的尺標，這也是編輯影片的第三個重要概念。 |

認識時間碼

影片是以高速切換多個影格的方式呈現動態，此時用來指定某個影格的功能稱為時間碼。舉例來說，若是 1 秒鐘的影片有 30 個影格，以第 15 個影格這種方式來指定影格當然沒問題，但如果是 10 秒鐘的影片就有 300 個影格，1 分鐘就有 1800 個，10 分鐘、1 小時就會有幾萬個影格，此時就無法以第幾個影格的方式來指定。

▶ 指定特定的影格

此時可派上用場的就是時間碼。時間碼是以時間指定影格的功能。

要指定某個影格時，就使用時間碼

顯示時間碼

在 Premiere Pro 的編輯畫面中，目前正在編輯的影格內容會顯示在 Program 面板。這時，影格的時間碼會顯示在 Program 面板的左下角，此外，時間碼也會顯示在各個地方。

▶ Premiere Pro 的編輯畫面

00:00:12:29　Program 面板的左下角會顯示目前影格的時間碼，右下角則是顯示整個影片長度的時間碼

在管理素材的 Project 面板裡，會以時間碼呈現單一影片的長度

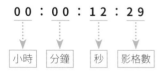

在序列 (Sequence) 裡，會以時間軸的方式顯示編輯中的時間碼

▶ 時間碼的閱讀方法

以剛才的畫面而言，會顯示如下的時間碼。此時的影格為第 12 秒第 29 個影格。時間碼會顯示在編輯畫面的各處。

00：00：12：29

| 小時 | 分鐘 | 秒 | 影格數 |

最後的影格數若設定成 1 秒 30fps，時間碼會在第 30 格的時候進位。以「00：00：04：29」為例，下一個影格的時間碼會是「00：00：05：00」，換言之，進位了 1 秒。

1-3
29.97fps、「丟棄影格時間碼」與「無丟棄影格時間碼」

使用頻率	正確來說，30fps 的影片其影格速率是 29.97fps。使用這種影格速率，就能選擇修正時間碼 0.03 誤差的方法。
★ ★ ★	

29.97fps 的影格速率

高畫質（High Definition）這類影片都是採用 **29.97fps** 的影格速率，是的，跟剛剛解說的 30fps 不一樣。正確來說，被稱為 30fps 的影格速率都是 29.97fps 的影格速率才對。

其實會出現這樣的差異是有其歷史背景的，細節姑且省略不談，簡單來說，在黑白電視的時代，影片與聲音都是利用 30fps 播放，但是進入彩色電視的時代後，就必須使用亮度與顏色訊號傳送色彩資訊，其中還要搭配聲音訊號播放，假設這時候採用 30fps 的影格速率，影像就會出現雜訊，為了避免出現雜訊才採用 29.97fps。

丟棄影格時間碼（Drop Frame Timecode）與無丟棄影格時間碼（Non Drop Frame Timecode）

目前電視等標準影格速率為 29.97fps，在這種情況下，如果使用 1 秒 30 影格的時間碼，那麼 0.03 的誤差就會越來越明顯。以 1 分鐘的影片為例，30×60=1800 影格，而 29.97×60=1798.2 影格，就會產生了約 2 影格的誤差。

為了修正這種誤差，時間碼的顯示方式分成丟棄影格時間碼與無丟棄影格時間碼兩種。

▶ **無丟棄影格時間碼**

無丟棄影格時間碼是不在乎 0.03 的誤差，依序替每個影格設定時間碼的方法，因此不會修正誤差。

00:04:59:29 ➡ 00:05:00:00 ➡ 00:05:00:01 ➡ 00:05:00:02

▶ **丟棄影格時間碼**

丟棄影格時間碼則為了修正 0.03 的誤差，而在每段固定的時間截斷時間碼的設定。這裡說的截斷不是裁掉影格，只是跳過時間碼的數值，所以整體的影格數不會有變化。

例如下列分鐘的單位進位時，會跳過 2 影格再設定時間碼，藉此修正誤差。

00:04:59:29 ➡ 00:05:00:00 ➡ 00:05:00:01 ➡ 00:05:00:02

　　不過，在 29.97fps 的情況下，1 分鐘的影格數是 1798.2，會有 0.2 的誤差，而為了修正這個誤差，若影片長度為 60 分鐘，就不會在「0 分、10 分、20 分、30 分、40 分、50 分」這類需要進位的時候截斷時間碼。

00:09:59:29 ➡ **00:10:00:00** ➡ 00:10:00:01 ➡ 00:10:00:02

　　如此一來，即使是丟棄影格時間碼，也能以無丟棄影格時間碼的方式設定時間碼。

▶ 變更「丟棄影格時間碼」與「無丟棄影格時間碼」的設定

　　要變更 Premiere Pro 的丟棄影格時間碼與無丟棄影格時間碼的設定，可先點選 Timeline（時間軸）面板，再執行 Sequence（序列）功能表中的 Sequence Settings（序列設定），從開啟的 Sequence Settings（序列設定）交談窗變更設定。

TIPS　要使用「丟棄影格時間碼」還是「無丟棄影格時間碼」？

編輯影片時，要用丟棄影格時間碼或無丟棄影格時間碼都可以，不需要太過在意。即使是要求時間碼不能有任何誤差的電視台，使用哪一種時間碼都可以。不過，若要在多個專案使用，請務必統一使用其中一種。

1-4
影像的解析度與影格的長寬比

使用頻率	為了在編輯影片時，得到需要的影像資料，就必須重視影格的長寬尺寸，同時，也要注意其長寬比。
★ ★ ★	

畫面解析度與影格大小

編輯影片時，組成影片的影格大小稱為畫面解析度，此時會標記成影格的總像素數。解析度雖然有代表畫面精細度的意思，但這裡是指總像素數。常見的 Full HD 其畫面解析度如下。

影像種類	畫面解析度
Full HD影像	1920×1080
標準影像	640×480

Full HD 影像的大小

標準影像的大小

Full HD 的 1920×1080 就是指水平有 1920（像素）、垂直有 1080（像素）所組成。

POINT

所謂標準影像指的是早期以磁帶記錄的影像。

> **TIPS** 「640×480」與「720×480」
>
> 標準影像分成「640×480」與「720×480」兩種解析度。原本只有 640×480，但是將影像資料轉換成 DVD 這類數位化影像時，會使用長方形的像素，所以才會轉換成 720×480 的解析度。不過，在顯示時，仍會修正為 4：3 的長寬比。

長寬比

長寬比是指影格的長寬像素比。現在主流的 Full HD 都採用「16：9」這種長寬比，標準影像則採用「4：3」的長寬比。與 4：3 的長寬比相較之下，16：9 的長寬比更寬，更具臨場感。

長寬比為 16：9

長寬比為 4：3

採用 4K、8K 的影像

最近 4K 解析度這個話題不斷被討論，而 8K 解析度也即將登場。所謂 4K 就是指解析度為「3840×2160」，8K 就是「7680×4320」的解析度。以 4K 而言，總像素數是 Full HD 的 4 倍。此外，8K 也被稱為超高畫質（8K UHD：Ultra HD）。

順帶一提，這裡的 K 表示為 1000，4K 就是寬度約為 4000，所以稱為 4K，8K 則約為 8000，所以被稱為 8K。Full HD 的寬度為 1920，所以被稱為 2K 或是 2K1K（長寬概算為 2000x1000）。

此外，4K 除了「3840×2160」之外，還有「4096×2160」這種規格。主要用於電視的 4K 屬於 ITU（國際電信聯盟）制定的 4K UHD 規格，解析度為 3840×2160，而美國大型電影公司組成的 DCI（Digital Cinema Initiatives）則使用 DCI 4K 這種適合數位電影院的規格，解析度為 4096×2160。

SD：
720×480

Full HD：1920×1080

4K：3840×2160

1-5
顯示「開始」畫面

使用頻率	啟動 Premiere Pro 時，會先顯示「開始」畫面，在此將介紹「開始」畫面的使用方法。
★★★	

「開始」畫面

　　Premiere Pro CC 2015 之後的「開始」畫面可以開啟先前已建立的 Project（專案）檔案。不過，第一次啟動 Premiere，由於尚末建立 Project 檔案，所以無法做選擇。

　　如果想建立新的 Project，可以按下「開始」畫面中的 **New Project** 鈕來建立新專案。

啟動 Premiere Pro CC

第一次啟動 Premiere Pro CC 的「開始」畫面

　　右圖是已經使用 Premiere Pro 建立過專案，再度啟動 Premiere 後的「開始」畫面。你可以從右側的清單中快速點選要開啟的專案繼續編輯。

「開始」畫面的功能

「開始」畫面除了可開啟既有的 Project，也能新建 Project。若切換到 Learn 頁次，還可觀看教學影片。

▶ 最近使用的專案（RECENT）

此區會顯示最近使用過的專案檔，點選檔名即可開啟。

▶ 新建專案

要建立新的 Project，可按下 New Project（新建專案），開啟 New Project（新建專案）交談窗，完成需要的設定後再開始編輯（參考 1-13 頁）。

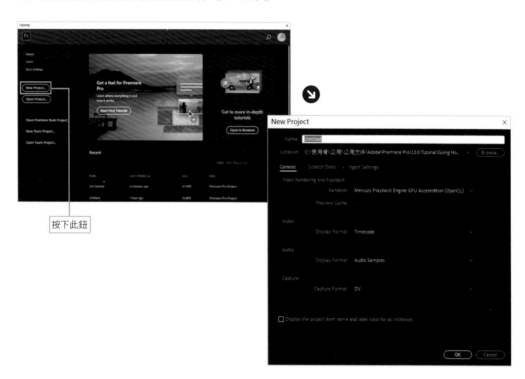

按下此鈕

▶ 同步設定（Sync Settings）

若經常在不同的裝置上使用 Premiere Pro CC，可利用 Creative Cloud 同步 Premiere Pro CC 的環境設定，這樣就能在相同的環境設定下編輯影片。

▶ Open Project（開啟專案）

按下 Open Project 鈕，會開啟 Open Project 交談窗，可開啟硬碟裡的 Project 檔案。

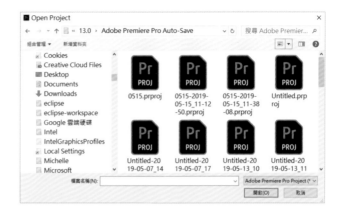

▶「Learn」頁次

切換到 Learn 頁次（只有英文版才有，中文化版本沒有此頁次），除了介紹新功能，還會播放免費的教學影片。

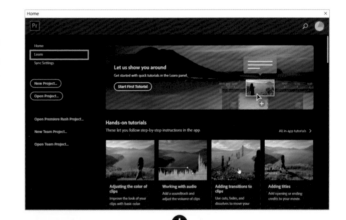

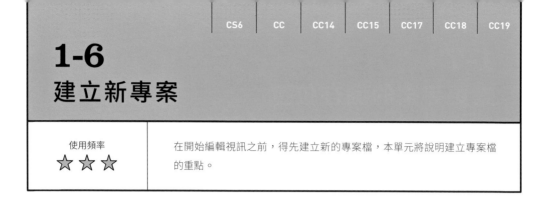

| | | CS6 | CC | CC14 | CC15 | CC17 | CC18 | CC19 |

1-6
建立新專案

使用頻率	在開始編輯視訊之前,得先建立新的專案檔,本單元將說明建立專案檔
★ ★ ☆	的重點。

「New Project」交談窗

在「開始」畫面中點選 New Project(新建專案)鈕後,就會開啟 New Project 交談窗。此時可在 Name:(名稱)欄位輸入專案名稱,其他設定則先沿用預設值。Name:可輸入與影片有關的名稱,而且可輸入半形英數字或中文。

❶ 點選此鈕

❷ 輸入專案名稱

TIPS　Video Rendering and Playback

在 **General**(一般)頁次裡,可選擇是否使用顯示卡的 GPU 來處理高速影片資料。若您的電腦有搭載這項功能,強烈建議選用。

編註:在播放影片時,若影片呈現紅色、綠色色塊或條紋狀,請在此改選 Mercury Playback Engine Software Only。

1-7
變更專案的儲存位置

使用頻率	New Project（新建專案）交談窗的 Location：（位置）可指定專案
★ ★ ☆	檔的儲存位置。這是管理檔案或素材的重點。

決定專案檔的儲存位置

Premiere Pro CC 2019 的 New Project 交談窗的 Location：預設是將專案檔儲存在「使用者 \ 文件」資料夾下的「Adobe」→「Premiere Pro」→「13.0」底下，建議您將專案檔儲存在與素材檔案相同的資料夾裡。

底下我們將素材檔儲存在桌面的 Saisei 資料夾中，並將專案檔也儲存在相同資料夾裡。

❶ 確認儲存素材的資料夾

❷ 按下 Browse 鈕

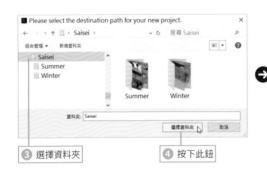

❸ 選擇資料夾

❹ 按下此鈕

❺ 更換成指定的資料夾

1-8
確認「暫存磁碟」頁次的內容

使用頻率

★ ★ ★

New Project 交談窗的 Scratch Disks（暫存磁碟）頁次，可指定 Premiere Pro 在各種作業建立的暫存檔的儲存位置。通常會指定為專案檔儲存的位置。

「暫存磁碟」頁次的內容

Scratch Disks（暫存磁碟）頁次可設定（或確認）Premiere Pro 在編輯過程中產生的各種相關檔案。基本上會設定在與專案檔一樣的儲存位置，所以當前一頁設定的專案檔位置變更時，暫存磁碟的設定也會跟著變更為相同的資料夾。如此一來，就能同時管理素材檔與專案檔。

① 點選 Scratch Disks 頁次

儲存位置為預設值的情況

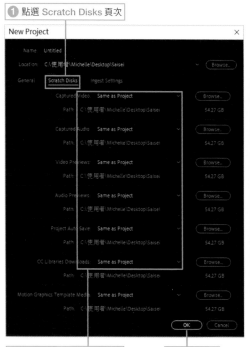

② 設定與專案檔一樣的位置　　③ 按下此鈕

POINT

Location：（位置）若採用預設值，新增的專案檔與相關的檔案就會放在同一個資料夾儲存。如此一來，每次新增專案，檔案不斷增加，往往容易造成檔案在管理上的麻煩。

1-9
Premiere Pro 的基本編輯畫面

使用頻率

★ ★ ☆

完成新專案檔的設定後，就會進入 Premiere Pro 的編輯畫面。我們先帶你認識各面板的作用。

認識 Premiere Pro 的編輯畫面

Premiere Pro 的編輯畫面是由多個面板組成，首先帶你認識這些面板的名稱，在此以預設的畫面架構做解說。

「Source」(來源) 面板
顯示匯入的影片。其他面板也會以群組的方式組成。

功能表列
選擇與執行 Premiere Pro 的命令。

「Workspaces」(工作區) 面板
按一下滑鼠左鍵就能切換工作區。

「Program」(節目) 面板
顯示編輯中的影片狀態。

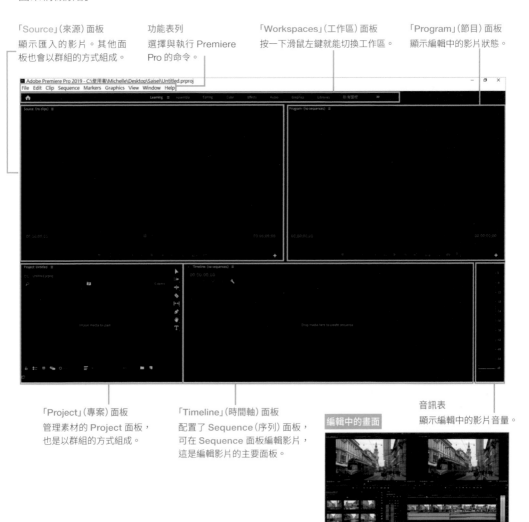

「Project」(專案) 面板
管理素材的 Project 面板，也是以群組的方式組成。

「Timeline」(時間軸) 面板
配置了 Sequence (序列) 面板，可在 Sequence 面板編輯影片，這是編輯影片的主要面板。

編輯中的畫面

音訊表
顯示編輯中的影片音量。

1-10
切換面板

使用頻率	以多個面板組成的面板群組，可點選對應的頁次來切換面板。若未顯示想要使用的頁次，可開啟面板選單來切換。
★ ★ ☆	

面板的切換

多個面板組成群組時，只要點選各面板的頁次即可做切換。

點選 Source (來源) 頁次

點選 Effect Controls
(效果控制) 頁次

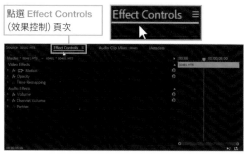

▶ 找不到對應的頁次

如果找不到對應的頁次，可開啟面板選單點選面板名稱來切換。

❶ 面板選單鈕

❷ 選擇面板

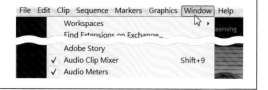

TIPS　利用功能表切換

所有的面板都可以透過 Window (視窗) 功能表選擇顯示或隱藏。

1-11
切換工作區

使用頻率	Premiere Pro 的編輯畫面稱為工作區。你可以依作業目的切換到
★ ★ ☆	不同的工作區。

以「工作區」按鈕切換

Premiere Pro 的編輯畫面稱為工作區，這個工作區預設是適合編輯影片的 Editing (編輯) 工作區。

其他還有適合修正色彩的 Color、適合編輯聲音的 Audio、……等，共 8 種工作區的按鈕可點選。

❶ 選擇 Editing (編輯) 工作區

❷ 選擇 Color (顏色) 工作區

TIPS 建議初學者使用的工作區

一般編輯影片時，選擇 Editing (編輯) 工作區就夠了，但如果您是剛開始使用 Premiere Pro CC 的讀者，建議您選擇 Assembly (組件) 工作區。這個工作區只以最精簡的面板組成，反而能讓我們專心剪接影片。

1-12
變更工作區的面板大小

使用頻率	工作區可隨使用者的需求調整大小。底下將介紹自訂工作區的面板大小。
★ ★ ☆	

1 顯示工作區

首先切換到要變更面板大小的工作區。若希望經常使用的面板變得更好用，可先切換到該工作區。

① 點選要調整的工作區

2 將滑鼠游標移到面板邊界

將滑鼠游標移到面板邊界後，滑鼠游標的形狀會跟著改變。

② 將滑鼠游標移到面板邊界

3 拖曳

拖曳滑鼠游標，就能變更面板的顯示範圍。

③ 拖曳

1-13
移動面板

使用頻率
★ ★ ★

群組化的面板與單獨的面板都是組成工作區的面板，使用者可以自由調整這些面板位置與群組。

---

1 選取面板

點選要移動的面板名稱。

① 選擇面板

---

2 拖曳面板

按住面板名稱拖曳，再移動到其他群組，目的地的區域就會變成紫色。

② 拖曳面板時，目的地會變紫色

③ 移動面板了

---

3 移動面板

放開滑鼠左鍵，面板就會完成移動。

| TIPS | 回復原本的工作區配置 |

若調整過工作區的面板大小及位置，可點選工作區右側的選單鈕，點選 Reset to Saved Layout（重置為已儲存的版面），就能還原為原本的工作區。

1-14
新增／刪除自訂的工作區

使用頻率

★ ★ ☆

變更面板的大小或位置後，若使用起來很順手，可新增為自訂的工作區。後續若不再使用，也可以刪除自訂的工作區。

新增工作區

當工作區配置到順手的編排後，可新增為自訂工作區。

1 打造自訂的工作區

先將工作區打造成順手的配置。

❶ 設計工作區

2 儲存新工作區

從 Window（視窗）功能表中的 Workspaces（工作區）選擇 Save as New Workspace（另存為新工作區）。

❷ 選擇 Save as New Workspace

3 輸入工作區名稱

開啟交談窗後，輸入新工作區的名稱，再按下 OK 鈕。

❸ 輸入名稱

❹ 按下此鈕

4 新增完成

剛剛設定名稱的工作區會新增至 Workspaces（工作區）面板。

❺ 新增完成

刪除自訂工作區

自行新增的工作區也可以隨時刪除。

1 選取要刪除的工作區

點選工作區面板的 >> 鈕，再從選單
點選 Edit Workspaces…（編輯工作
區）。

2 選擇工作區

開啟 Edit Workspaces（編輯工作
區）交談窗後，選擇要刪除的工作
區，再按下 Delete 鈕（刪除）。

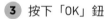

3 按下「OK」鈕

剛剛新增的工作區已刪除，最後請按
下 OK 鈕，關閉交談窗。

4 工作區被刪除了

剛剛新增的 STACK 工作區，從工作區面板移除了。

1-15
專案檔的自動儲存設定

使用頻率
★ ★ ☆

開始編輯影片前,建議先設定或調整專案的自動儲存功能,這是以防萬一的重要功能。

---

1 選擇「自動儲存」

Windows 作業系統是從 Edit（編輯）功能表,點選 Preferences（偏好設定）的 Auto Save（自動儲存）; Mac 作業系統,則是從 Premiere Pro CC 功能表做點選。

2 設定自動保存

開啟 Preferences 交談窗後,勾選 Auto Save 頁次下的 Automatically save projects（自動儲存專案）,接著設定 Automatically Save Every（自動儲存時間間隔）與 Maximum Project Versions（最大專案版本）。

POINT

Automatically Save Every（自動儲存時間間隔）建議一開始設為 5 分鐘。

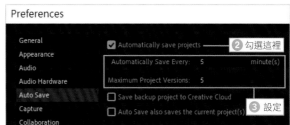

TIPS 什麼是「Maximum Project Versions」（最大專案版本）?

Maximum Project Versions 就是設定間隔儲存的最大專案檔數量。例如設為「5」,就會隨時儲存 5 個專案檔。最新的專案檔會覆蓋時間最舊的專案檔,隨時維持 5 個專案檔案。

1-16
關於 AVCHD 規格

使用頻率 ★ ★ ☆	現在主流的影片格式為 AVCHD。這裡將為大家解說 AVCHD，尤其會針對 AVCHD 的壓縮技術做說明。

AVCHD 規格

現在支援 HDTV 的攝影機都以 AVCHD 規格為主流。AVCHD 規格是由 Sony 與 Panasonic 這兩家公司制定的，作為在 DVD、硬碟、SD 記憶卡、USB 等媒體上錄製的高畫質影片標準。其壓縮方式採用 MPEG-4 AVC/H.264，目前已成為高畫質攝影機的標準規格。

TIPS 關於 MPEG-4 AVC/H.264

H.264 是 ITU（國際電信聯盟）推薦的影片壓縮技術之一，同時也是 ISO（國際標準化組織）認定的影片壓縮技術 MPEG-4 的一部分，目前是以「MPEG-4 Part 10 Advanced Video Coding」的名稱為主。因此，通常會寫成「MPEG-4 AVC/H.264」或「H.264/AVC」。

從手機這類速度較慢、畫質較低的通訊用途到高畫質電視影像這類速度較快、畫質較高的用途，都已廣泛應用 H.264 這項技術，也成為數位電視、iPhone、PSP 這類手機、智慧型手機、電視遊樂器的標準影片格式，是應用範圍非常廣的壓縮技術。這項技術的特色是能保有與 MPEG-2 相同的畫質，卻只需要 MPEG-2 一半的檔案容量。

新一代影像壓縮技術「H.265/HEVC」

現行 AVCHD 格式的影像壓縮技術 MPEG-4 AVC/H.264 的後繼規格為 H.265/HEVC。

H.265/HEVC 的主要優點在於資料壓縮率提升了 2 倍。資料壓縮率約是 H.264/MPEG-4 AVC 的 2 倍，換言之，若是畫質相同，檔案容量大約只剩一半，所以若傳送的是相同畫質的影片，只需要佔用原本一半的頻寬，因此除了很適合用來傳送 FULL HD 的影像，也很適合傳送 4K 或 8K 的超高畫質影像。

此外，播放時的畫質也進一步提升了。播放壓縮的影像通常會出現方格雜訊，但是 H.265/HEVC 強化了去除雜訊的技術，進一步提升畫質。想必今後 4K、8K 這類規格也會採用這項技術。

TIPS H.265/HEVC 名稱的由來

H.265 也被稱為 HEVC（High Efficiency Video Coding），通常以「**H.265/HEVC**」表示，而這個名稱是 ITU 使用的專案名稱 H.265 加上 ITU 與 ISO 共同設立的研究團隊 JCT-VC（Joint Collaborative Team on Video Coding Standard Development）制定的 HEVC 所組成。

CHAPTER

2

編輯影片

影片的編輯基本是將影片放置在 Sequence（序列）中，
再對配置的影片調整順序以及修剪。這三個作業也被統
稱為「剪輯」。本章將說明影片剪輯的相關操作。

2-1
將 AVCHD 資料複製到硬碟

使用頻率

★ ★ ☆

要將攝影機拍攝的影片當成編輯素材用時,可將影片複製到電腦或是外接硬碟再進行編輯。

從攝影機複製影片資料夾

現在主流的高畫質攝影機都採用 AVCHD 格式,您可以將儲存影片的資料夾從攝影機複製到電腦或外接硬碟再進行編輯。

POINT

直接從攝影機讀取,可能會出現連接中斷的問題,所以建議大家先複製到硬碟再編輯。

❶ 連接攝影機

將 USB 線分別連接 AVCHD 攝影機與電腦,該攝影機就會被辨識為卸除式裝置(可拆卸的裝置)。

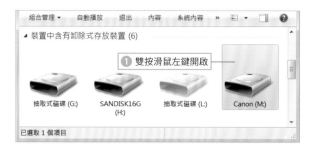

❶ 雙按滑鼠左鍵開啟

❷ 複製檔案

先從攝影機將檔案複製到電腦,可利用拖曳的方式複製。此外,複製目的地可以是任何磁碟機或資料夾。

POINT

AVCHD 設備的影片資料會儲存在「AVCHD」→「BDMV」→「STREAM」資料夾中,因此可以只複製「STREAM」資料夾。

可以只複製「STREAM」資料夾

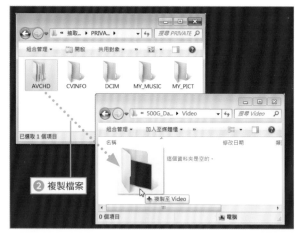

❷ 複製檔案

本書的範例是使用 CANON 的「iVISHF G20」(支援 AVCHD 的攝影機)所拍攝。

(http://cweb.canon.jp/ivis/lineup/hfm51m52/index.html)。

CS6	CC	CC14	CC15	CC17	CC18	CC19

2-2
Mac 使用者的注意事項

使用頻率	Mac 使用者要將攝影機拍攝的影片當成編輯素材使用時,在開啟 AVCHD 資料夾時要留意檔案圖示。
★ ★ ☆	

注意 AVCHD 資料夾的圖示

在 Mac 使用 Mountain Lion(Mac OS X v10.8)之後的 macOS(OS X),要特別注意檔案的圖示。Mountain Lion 版之後調整了支援/處理「AVCHD」這些視訊檔案的方法。在此之前的版本都會將高畫質的 AVCHD 資料夾當成一般資料夾顯示,但在 Mountain Lion 之後,會顯示為 QuickTime 的檔案圖示。

拖曳這個檔案圖示可複製影片資料。若要開啟資料夾,可按下滑鼠右鍵,從選單點選顯示套件內容選項。當點選 AVCHD → BDMV → STREAM 資料夾時,BDMV 資料夾也會顯示為 QuickTime 的圖示。

1 連接攝影機

以 USB 線分別連接 Mac 與攝影機。

❶ 將攝影機與 Mac 連接

2 以檔案圖示顯示

儲存影片的「AVCHD」資料夾會顯示為 QuickTime 的檔案圖示。雖然可直接複製到 Mac 上,不過也可以只複製 STREAM 資料夾。

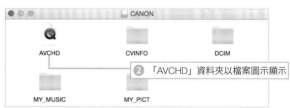

❷ 「AVCHD」資料夾以檔案圖示顯示

3 「BDMV」資料夾也是以檔案圖示顯示

包含 STREAM 資料夾的 BDMV 資料夾也是顯示為 QuickTime 的檔案圖示。

❸ 「BDMV」資料夾也以檔案圖示顯示

4 複製「STREAM」資料夾

可以只複製含有影片的 STREAM 資料夾到 Mac 裡。

❹ 展開檔案後,再以拖曳的方式複製

此畫面是「OS X Yosemite v10.10.5」

2-3
將素材匯入「Project」面板

使用頻率	
☆ ☆ ☆	新增專案後，Premiere Pro 的工作區會顯示管理素材的 Project (專案) 面板。素材檔案皆可匯入 Project 面板。

匯入資料夾

要在 Premiere Pro 編輯素材，可先匯入 Project 面板。在此要匯入儲存影片的 STREAM 資料夾。

1 雙按滑鼠左鍵

在 Project 面板的空白處雙按，或是按下滑鼠右鍵點選 Import。

2 選擇資料夾

選取要匯入的資料夾，再按下 Import Folder (匯入資料夾) 鈕。

> **POINT**
>
> 也可以從 File (檔案) 功能表中，選取 Import (匯入)，匯入需要的素材。

> **POINT**
>
> Mac 沒有 Import Folder 按鈕，所以請點選 Open (開啟) 鈕，匯入整個資料夾。

3 匯入資料夾

如此一來就匯入資料夾了。此外，Premiere Pro 將儲存影片素材的資料夾稱為 Bin (素材箱)。

① 在空白處雙按滑鼠左鍵

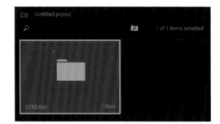

② 選取資料夾

③ 按下此鈕

TIPS　以檔案為單位匯入

除了可匯入整個資料夾，也可單獨匯入檔案。請在匯入時，點選檔案再按下**開啟舊檔**鈕。也可以一次選取多個檔案再匯入。

| | | CS6 | CC | CC14 | CC15 | CC17 | CC18 | CC19 |

2-4
「素材箱」的操作

| 使用頻率 ★ ☆ ☆ | Premiere Pro 將素材資料夾稱為「Bin」(素材箱)。連同資料夾匯入的素材可在後續變更名稱。 |

變更素材箱的名稱

Premiere Pro 將儲存素材檔案的資料夾稱為 Bin(素材箱),你可以自由變更其名稱。

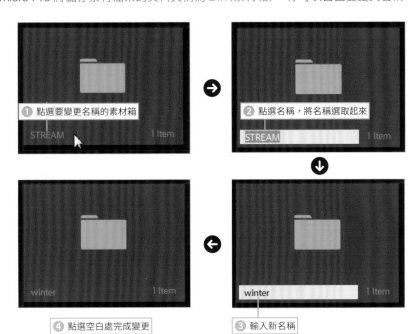

❶ 點選要變更名稱的素材箱　STREAM　1 Item

❷ 點選名稱,將名稱選取起來　STREAM　1 Item

❹ 點選空白處完成變更　winter　1 Item

❸ 輸入新名稱　winter　1 Item

TIPS　素材箱的新增與刪除

要新增素材箱時,可按下 **Project**(專案)面板下方的 **New Bin**(新增素材箱)鈕。此外,若要刪除素材箱,可在選取要刪除的素材箱後,按下 **Clear(Backspace)**(清除)鈕。要注意的是素材箱裡若有檔案,會連同檔案一併刪除。

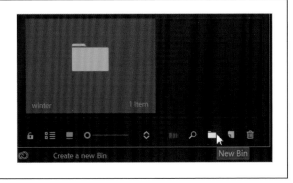

winter　1 Item

Create a new Bin　　New Bin

2-5
匯入照片與音訊檔

使用頻率	編輯視訊，除了以影片檔為主外，也可以使用照片與音訊檔。這些素材檔案也能依照匯入影片檔的方法匯入到 Project 面板。
☆ ☆ ☆	

匯入音訊或照片檔案

Premiere Pro 除了可匯入影片檔，也能匯入作為背景音樂用的音訊檔、照片檔(圖片檔)，還能匯入 Photoshop 或 Illustrator 的檔案。

① 點選「Import」

在 Project 面板的空白處按滑鼠右鍵，再點選 Import。

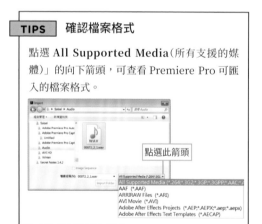

② 選擇檔案

選擇要匯入的檔案。一次可選取多個檔案，也可以點選資料夾。

TIPS 確認檔案格式

點選 **All Supported Media**(所有支援的媒體)」的向下箭頭，可查看 Premiere Pro 可匯入的檔案格式。

點選此箭頭

③ 選擇檔案

④ 按下此鈕

③ 完成匯入

剛剛點選的檔案將匯入 Project 面板。在此匯入的是音訊檔，所有音訊檔會以相同圖示顯示。

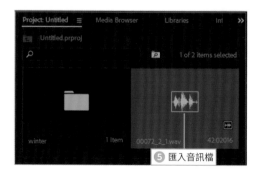

⑤ 匯入音訊檔

2-6
將專案檔當成素材匯入

使用頻率 ☆☆☆	Premiere Pro 的素材資料，也可以匯入先前製作好的專案檔。

將專案檔當成影片匯入

在其他專案建立的專案檔也能當成素材匯入目前正在編輯的專案。讓我們試著匯入「Anime.proj」這個專案檔吧！

1 選擇專案檔

匯入檔案時，可選擇其他專案的專案檔。選擇檔案後再按下開啟舊檔鈕。

2 選擇匯入的方法

開啟 Import Object（匯入專案）交談窗後，可以選擇匯入整個專案，還是只匯入序列。也可為該專案建立專用的素材箱。

3 匯入專案

經過上述步驟即可匯入專案。此外，在 **2** 的操作選擇 Create folder for imported items.（建立用於匯入專案的資料夾），可建立專案的素材箱，儲存該專案的素材。

⑤ 匯入專案了

2-7
開啟資料夾（素材箱）

使用頻率	管理素材的 Project 面板，可以不同的方式開啟素材資料夾。接下來為大家解說素材箱的開啟方法。
☆ ☆ ☆	

開啟「Project」面板的素材箱

要開啟 Project 面板的素材箱 (資料夾)，有下列三種方法，你可以自行選擇開啟方法。

▶ 在新視窗中開啟

按住 [Alt] 鍵 (Mac 請按住 [option] 鍵) 再雙按素材箱，就會開啟新視窗來顯示。

▶ 在相同的位置開啟

按住 [Ctrl] 鍵 (Mac 請按住 [⌘] 鍵) 再雙按資料夾，就能在相同的位置 (面板內) 開啟。

▶ 在新的面板開啟

雙按素材箱，就會以另一個面板的方式開啟。點選面板可切換至另一個面板。

2-8
變更資料夾（素材箱）的開啟方法

使用頻率
☆ ☆ ☆

管理素材的 Project 面板可依個人習慣調整開啟資料夾的方法。

變更開啟素材箱的方法

素材箱的開啟方法可設成更順手的操作。舉例來說，雙按素材箱就在同一位置開啟。變更方法可從 Preferences（偏好設定）的 General（一般）面板設定。

1 從 General（一般）頁次設定

Windows 使用者請從 Edit（編輯）功能表，點選 Preferences（偏好設定）的 General（一般）做設定；Mac 使用者，則從 Premiere Pro CC 功能表進入。

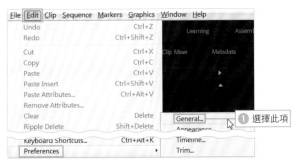

① 選擇此項

2 Preferences／General 頁次

開啟 Preferences（偏好設定）交談窗的 General（一般）頁次後，可於 Bins（素材箱）選項變更開啟方法。

② 在此區變更設定

3 變更顯示方法

點選 ▼，選擇開啟面板的方法。

③ 此例請選擇 Double-click（雙按），再點選 Open in place（在原處開啟）

4 按下「OK」鈕

設定完成後，按下 OK 鈕，即可變更素材箱的開啟方法。

④ 按下此鈕

2-9
代理工作流程

使用頻率	Premiere Pro 有項功能可讓規格不足的電腦也能輕鬆編輯 4K 或 8K 這類高解析度影片的代理工作流程。
★ ★ ☆	

何謂「代理工作流程」？

　　Premiere Pro CC 可編輯 4K 或 8K 這類高解析度、高影格速率的影片，但是要以原生格式 (最原始的影片資訊) 來編輯這些影片檔，必須使用高規格的設備。目前主流為筆記型電腦，為了讓筆記型電腦也能編輯這類影片，於是新增了代理工作流程功能。

　　代理工作流程會先從高解析度的影片資料建立一個名為代理檔案的低解析度檔案，讓我們先用這個檔案進行編輯。例如將 3840×2130 的 4K 檔案製作成 1024×540 的代理檔案，當影片編輯完成準備輸出時，再用高解析度的檔案輸出。

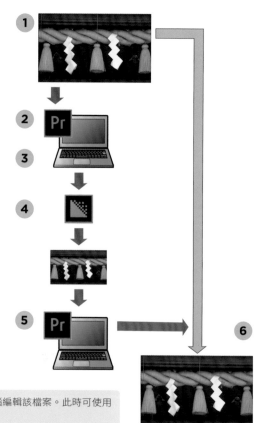

1 準備資料

先準備 4K、8K 的高解析度影片資料。

2 匯入資料

將影片資料匯入 Premiere Pro CC。

3 ingest 設定

執行「Ingest Settings」以建立代理檔案。

4 製作代理檔案

啟動「Adobe Media Encoder 2019」，根據匯入的影片製作代理檔案。

5 在規格較低的裝置編輯

使用代理檔案編輯。

6 輸出高解析度檔案

編輯完成，利用原始的高解析度檔案輸出。

POINT

在桌上型電腦製作代理檔案後，可利用筆記型電腦編輯該檔案。此時可使用 Project Manager (參考 8-14 頁) 分享代理檔案。

2-10
製作代理檔案的 Ingest Settings

使用頻率	要編輯 4K 或 8K 的影片檔案，在建立新專案時，可利用 Ingest Settings 頁次來建立代理檔案。
★ ☆ ☆	

切換到「Ingest Settings」頁次

在開始編輯影片前，可在 New Project 交談窗中（參考 1-13 頁），切換到 Ingest Settings 頁次，建立代理檔案。當使用 4K 或 8K 這類高解析度的影片檔案，請在建立專案的同時，完成 Ingest Settings。

1 切換到「Ingest Settings」

新增專案時，點選 Ingest Settings。

❶ 點選這裡

2 設定選項

勾選 Ingest 項目，設定代理檔案的產生方式與儲存位置。

❹ 勾選此項

❺ 設定選項，參見下一頁的說明

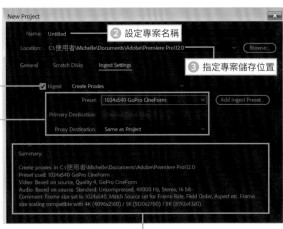

❷ 設定專案名稱

❸ 指定專案儲存位置

❻ 設定內容的說明，設定完成，請按下 OK 鈕

3 匯入檔案

進入編輯畫面後，利用 2-4 頁的方法匯入 4K 影片。

④　建立代理檔案

接著，會自動啟動「Adobe Media Encoder 2019」程式，建立代理檔案。如此一來即可產生 1024×540 的代理檔案。

⑤　新增的代理檔案

代理檔案會在指定的位置新增，而且名稱會加上 Proxy。此外，代理檔案不能新增至 Project 面板。

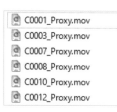

「Ingest Settings」的選項

底下是 Ingest Settings 的選項說明。

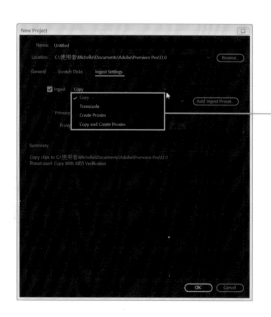

Copy（複製）
從攝影機或硬碟這類媒體以原始的檔案格式複製到新的位置。

Transcode（轉碼）
從攝影機或硬碟將檔案以指定的格式轉存到指定的位置。

- ✓ Match Source - AVC-Intra
- Match Source - DNxHD
- Match Source - GoPro CineForm RGB 12-bit with alpha
- Match Source - GoPro CineForm YUV 10-bit
- Match Source - H.264 High Bitrate
- Match Source - IMX
- Match Source - XAVC
- Match Source - XDCAM EX
- Match Source - XDCAM HD

Create Proxies（建立代理）
在指定的位置產生代理檔案。

Copy and Create Proxies
（以複製的方式建立代理檔案）
將媒體複製到指定位置再於指定位置建立代理檔案。

2-11
在現有的專案建立代理檔案

使用頻率
★ ☆ ☆

若是已經在專案裡匯入影片，也可以產生代理檔案。讓我們開啟現有的專案，試著建立代理檔案。

從現有的影片建立代理檔案

建立專案後，可根據匯入 Project (專案) 面板的影片產生代理檔案。

1 點選影片建立代理檔案

將影片匯入 Project (專案) 面板後，在要建立代理檔案的影片上按滑鼠右鍵，再從選單點選 Proxy (代理)／Create Proxies (建立代理)。

2 設定選項

開啟 Create Proxies (建立代理) 交談窗後，在 Format (格式) 欄設定檔案格式，在 Preset (預設集) 設定影格大小。

③ 點選檔案格式　④ 選擇影格大小

3 產生代理檔案

接著，會自動啟動「Adobe Media Encoder 2019」，建立代理檔案。

POINT

可一次點選多個影片，建立多個代理檔案。

2-12
切換代理檔案

使用頻率	使用代理檔案編輯時，可一邊切換成原始檔案一邊進行作業。接下來將說明切換的方法。
★ ☆ ☆	

在「偏好設定」切換 ON／OFF

Preferences（偏好設定）交談窗的 Media（媒體）有 Enable proxies（啟用代理）選項。勾選這個選項，Premiere Pro CC 會切換成使用代理檔案編輯的模式，若是取消勾選則會切換成使用原始檔案編輯的模式。

1 點選「Media」（媒體）

Windows 使用者，請從 Edit（編輯）功能表執行 Preferences → Media（偏好設定／媒體）命令；Mac 版使用者，請從 Premiere Pro CC 功能表進入。

2 勾選「Enable proxies」

勾選 Media（媒體）頁次的 Enable proxies（啟用代理），可啟用代理功能。勾選後即可啟用。

建立切換按鈕

要啟用／關閉代理功能，你還可以利用 Toggle Proxies（切換代理）鈕來切換。只要使用 Button Edit（按鈕編輯器），將此鈕設置在 Program 面板中，就可方便日後使用。

① 建立「切換代理」鈕

請按下 Program 面板中的「＋」鈕開啟按鈕列表，新增 Toggle Proxies（切換代理）鈕。新增之後，按下 OK 鈕，結束按鈕編輯。

② 拖曳 Toggle Proxies（切換代理）鈕

③ 按下 OK 鈕　　　① 按下＋鈕

② 切換代理

點選剛剛設定的 Toggle Proxies（切換代理）鈕，可切換代理檔案或原始檔案的編輯模式。

代理檔案模式（按鈕為藍色）

非代理檔案模式

2-13
「序列」的功能與架構

使用頻率	匯入 Premiere Pro 的影片都會在 Sequence(序列) 面板編輯。由
★ ★ ☆	於 Sequence 是編輯影片的主要作業面板,所以有非常多的功能。

「Sequence」面板的特色

Premiere Pro 的 Sequence(序列) 面板,具有以「時間軸」管理影格的功能,影片也是在這個面板編輯。在序列中,除了剪接影片及設定轉場效果外,還能利用多軌進行合成作業,也能確認影片與文字的合成或是專案的整體狀態,是 Premiere Pro 的主要編輯區。

序列的時間軸是以多個「視訊」軌道與「音訊」軌道組成。舉例來說,在多個視訊軌道配置視訊即可合成影片。此外,也能搭配背景音樂或旁白這類音訊。

▶「序列」面板的組成元素

Sequence(序列) 面板的各部位功能如下:

Superimpose(覆疊) 軌道
「V2」以上的軌道,可以讓整個或部份的影片片段變透明,再與「V1」軌道的影片合成。此外,可無限增加軌道數。

以此軌道為目標切換軌道
要在序列新增視訊時,可指派一個或多個軌道做為新增對象。

切換同步鎖定
透過波紋編輯移動影片時,可開啟或關閉影片與音訊的同步。

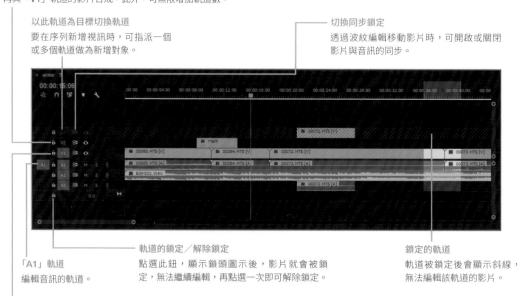

軌道的鎖定／解除鎖定
點選此鈕,顯示鎖頭圖示後,影片就會被鎖定,無法繼續編輯,再點選一次即可解除鎖定。

鎖定的軌道
軌道被鎖定後會顯示斜線,無法編輯該軌道的影片。

「A1」軌道
編輯音訊的軌道。

「V1」軌道
編輯影片的基本軌道,將影片放在此軌道上並進行編輯。若希望這個軌道的影片與其他影片合成,可將想合成的影片配置在「Superimpose 軌道」。

目前的時間碼
目前編輯線所在位置的時間碼。直接輸入數字
即可讓播放磁頭跳到指定的時間碼位置。

標記（綠）
配置或排序影片時，當成時間點的標記使用。

序列的頁次
點選頁次可切換要編輯的序列。

播放磁頭與編輯線
顯示編輯中軌道的影格位置。編輯線的
影格內容會顯示在 Program 面板。

時間刻度
代表序列時間的時間軸。
可縮放變更時間單位。

設定標記
可在時間軸上設定標記。

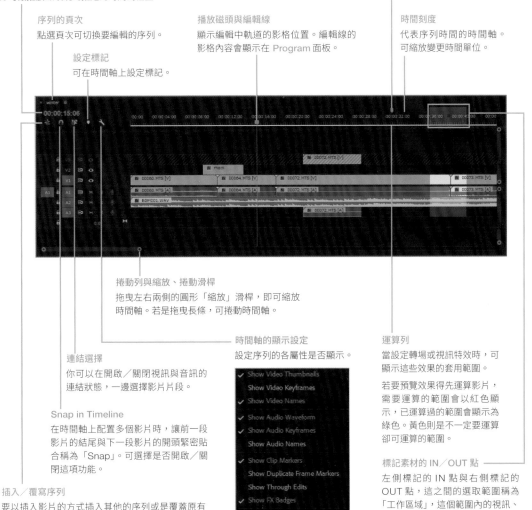

捲動列與縮放、捲動滑桿
拖曳左右兩側的圓形「縮放」滑桿，即可縮放
時間軸。若是拖曳長條，可捲動時間軸。

時間軸的顯示設定
設定序列的各屬性是否顯示。

運算列
當設定轉場或視訊特效時，可
顯示這些效果的套用範圍。

若要預覽效果得先運算影片，
需要運算的範圍會以紅色顯
示，已運算過的範圍會顯示為
綠色。黃色則是不一定要運算
卻可運算的範圍。

連結選擇
你可以在開啟／關閉視訊與音訊的
連結狀態，一邊選擇影片片段。

Snap in Timeline
在時間軸上配置多個影片時，讓前一段
影片的結尾與下一段影片的開頭緊密貼
合稱為「Snap」。可選擇是否開啟／關
閉這項功能。

插入／覆寫序列
要以插入影片的方式插入其他的序列或是覆蓋原有
的序列時，可選擇是否當成序列處理。

標記素材的 IN／OUT 點
左側標記的 IN 點與右側標記的
OUT 點，這之間的選取範圍稱為
「工作區域」，這個範圍內的視訊、
音訊可以進行預覽與輸出影片。

✓ Show Video Thumbnails
　Show Video Keyframes
✓ Show Video Names
✓ Show Audio Waveform
✓ Show Audio Keyframes
　Show Audio Names
✓ Show Clip Markers
　Show Duplicate Frame Markers
✓ Show Through Edits
✓ Show FX Badges
✓ Composite Preview During Trim
　Minimize All Tracks
　Expand All Tracks
　Save Preset...
　Manage Presets...
　Customize Video Header...
　Customize Audio Header...

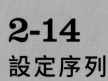
2-14
設定序列

使用頻率 ★ ★ ★	建立專案後還沒有建立序列。序列必須依照影片的檔案格式設定，所以可在匯入影片後建立序列。

在時間軸上設定「序列」面板

剛才提到，在設定專案時，序列還沒有建立。這個序列必須與影片的檔案格式一致，所以可在匯入影片後建立。

1 選取影片

點選一個要編輯的影片。任何影片都可以，建立序列之後會刪除。

2 拖曳影片

將選取的影片拖曳到 Timeline（時間軸）面板。

3 序列建立了

Timeline 面板會新增「序列」面板。

2-15
變更序列名稱

使用頻率	透過拖曳影片所建立的「序列」面板，其名稱會與檔案名稱相同。讓我們變更序列的名稱，以便與影片有所區隔吧！
★ ★ ☆	

變更序列的名稱

序列建立完成後，會在 Project 面板以縮圖的方式顯示。此時序列的名稱會是建立序列時使用的影片名稱。接下來讓我們變更一下序列的名稱吧！

1 確認序列

序列建立完成後，會以縮圖的方式顯示在 Project 面板。此時縮圖的右下方會顯示序列圖示，請確認序列與影片的差異。

序列圖示

序列名稱　00060　10:15

2 變更序列名稱

按一下序列名稱，即可進行變更。

00060　10:15

① 點選名稱

winter　10:15

② 變更名稱

3 連頁次名稱也跟著變更了

變更縮圖的序列名稱後，「序列」面板的頁次名稱也改變了。

③ 頁次名稱也改變了

winter
00:00:00:00

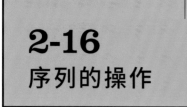

| | | | CS6 | CC | CC14 | CC15 | CC17 | CC18 | CC19 |

2-16
序列的操作

使用頻率 ☆ ☆ ☆	序列可視需求關閉或開啟，當序列越來越多時，可建立序列專用的「素材箱」，儲存與管理序列。

多個序列的操作

假設專案是「一書本」，「序列」就相當於「章」的面板，所以可以設定多個序列再編輯。

① 開啟序列

有多個序列時，只要雙按序列縮圖即可開啟。

> **POINT**
>
> 若要切換多個序列時，可點選頁次名稱來切換。

② 切換與關閉序列

點選序列名稱即可切換，而正在顯示的序列，會在名稱下方多一條底線。若要關閉序列只需要點選序列名稱左側的 ×。

以序列專用的「素材箱」來管理序列

若有多個序列，可新增專用的「素材箱」來管理。

1 建立「素材箱」

新增「素材箱」並變更其名稱。

2 移動序列縮圖

若有多個影片專用的素材箱，可先開啟素材箱，再將縮圖拖曳到序列專用的素材箱。開啟素材箱時，建議以新視窗的方式開啟，以方便拖曳。

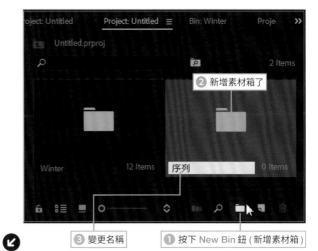

2 新增素材箱了

3 變更名稱   **1** 按下 New Bin 鈕 (新增素材箱)

4 將序列縮圖拖曳到這裡

5 剛剛移動的序列

TIPS 「序列」的面板選單

點選「序列」頁次名稱右側的面板選單鈕 ▤ ，可開啟或關閉序列的功能面板。每個序列都可使用面板選單。

點選這裡

序列的面板選單

| Close Panel |
| Undock Panel |
| Close Other Panels in Group |
| Close Other Timeline Panels |
| Panel Group Settings ▸ |
| Work Area Bar |
| Show Audio Time Units |
| ✓ Audio Waveforms Use Label Color |
| ✓ Rectified Audio Waveforms |
| ✓ Logarithmic Waveform Scaling |
| Logarithmic Keyframe Scaling |
| ✓ Time Ruler Numbers |

2-17
將影片配置到序列

使用頻率 ★ ★ ☆	要編輯匯入 Project 面板的影片，可先將影片放入序列。視訊會放在視訊軌道，音訊則放在音訊軌道。

拖曳配置

將 Project 面板中的影片拖曳到序列軌道。

1 拖曳影片

要將影片配置到序列，可從 Project 面板拖曳影片。此時可配置在「V1」軌道。

2 移動影片

拖曳軌道裡的影片可決定配置位置。

POINT

在 Project 面板中，按住 `Shift` 或 `Ctrl` 鍵，再點選影片，可一次選取多個影片，同時將選取的影片放到序列上。

TIPS 刪除序列裡的影片

要刪除序列裡的影片可先選取影片，按下 `Delete` 鍵或是按下滑鼠右鍵，從選單點選 **Clear**(清除)。

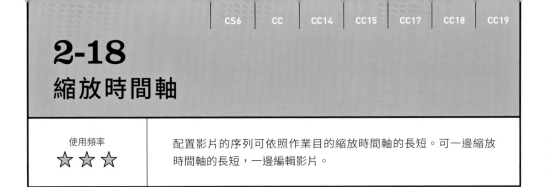

2-18
縮放時間軸

使用頻率	配置影片的序列可依照作業目的縮放時間軸的長短。可一邊縮放
★ ★ ★	時間軸的長短，一邊編輯影片。

CHAPTER 2　編輯影片

時間軸的縮放

「序列」面板下方的「捲動軸」具有縮放功能以及「捲動滑桿」功能，若想調整「序列」面板的時間軸長度，可使用「縮放把手」，若想讓時間軸捲動可使用「捲動滑桿」。例如將「縮放把手」往左右拖曳，就能放大 (Zoom in) 時間軸或縮小 (Zoom out) 時間軸。

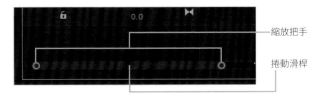

──── 縮放把手

捲動滑桿

利用縮放把手放大的狀態

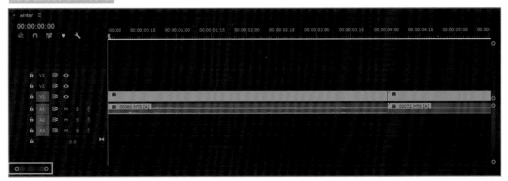

利用縮放把手縮小的狀態

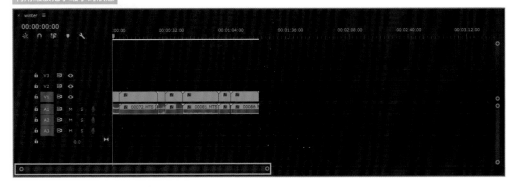

2-19
調整軌道的高度

使用頻率
★ ★ ☆

要調整軌道的高度,可雙按軌道標題的空白處。Premiere Pro 會在拉高軌道高度後,顯示影片的縮圖。

---

1 雙按

雙按軌道標題的空白處。

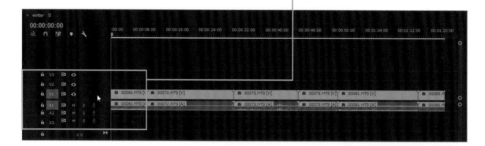

---

2 拉高軌道高度

拉高軌道的高度後會顯示影片縮圖。

POINT

如果再雙按一次相同的位置,可恢復原本的高度。也可利用滑鼠拖曳軌道之間的邊線調整高度。

TIPS 最小化軌道

從 CC 2015.3 之後,增加了 **Minimize All Tracks**(最小化所有軌道)功能,可一次顯示多個軌道。

① 按下此鈕
② 選擇此項
③ 軌道的高度壓至最低

2-20
調整影片的順序

使用頻率	配置在序列的影片會由左至右播放。要調整影片的播放順序可變
☆ ☆ ☆	更影片的位置。此時要注意的是，別讓影片被覆蓋。

調整影片的位置

要調整序列中影片的播放順序，可拖曳影片。但直接拖曳，會讓影片被覆蓋。請先按住 Ctrl 鍵（Mac 是 ⌘ 鍵）再拖曳影片。

1 選取要移動的影片

從序列中點選要移動的影片。

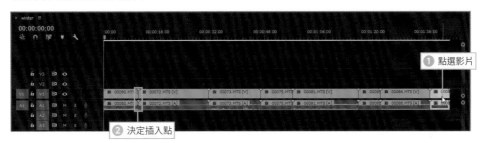

❶ 點選影片

❷ 決定插入點

2 按住 Ctrl 鍵插入影片

按住 Ctrl 鍵（Mac 是 ⌘ 鍵）拖曳影片到要插
入的位置。此時移動線會標示白色箭頭符號，
代表準備插入影片。

❹ 顯示白色箭頭符號

❸ 拖曳

若不按住 Ctrl 鍵將會覆蓋原本的影片

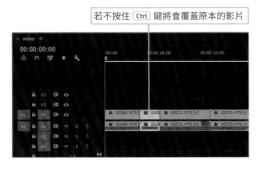

❺ 插入影片

| | | CS6 | CC | CC14 | CC15 | CC17 | CC18 | CC19 |

2-21
刪除「間隙」

| 使用頻率 ★ ★ ☆ | 刪除影片之後，刪除的部分會變成空白，而這段空白叫做「間隙」(gap)，會在播放時顯示為黑畫面，所以記得要刪除。 |

間隙一定要刪除

間隙可利用 Ripple Delete（波紋刪除）功能來刪除。

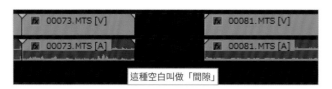

| 📷 00073.MTS [V] | | 📷 00081.MTS [V] |
| 📷 00073.MTS [A] | | 📷 00081.MTS [A] |

這種空白叫做「間隙」

❶ 在間隙處按下滑鼠右鍵

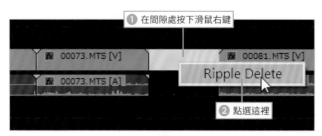

| 📷 00073.MTS [V] | | 📷 00081.MTS [V] |
| 📷 00073.MTS [A] | Ripple Delete | |

❷ 點選這裡

⬇

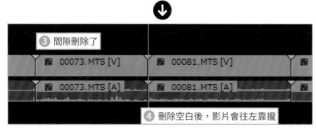

❸ 間隙刪除了

| 📷 00073.MTS [V] | 📷 00081.MTS [V] | 📷 |
| 📷 00073.MTS [A] | 📷 00081.MTS [A] | 📷 |

❹ 刪除空白後，影片會往左靠攏

TIPS 以快速鍵找出間隙

影片數量若是不多，很快就能找出間隙，但是當影片增加或是軌道的數量太多，就不容易找出間隙。此時不妨利用命令或快速鍵來尋找。從 **Sequence**（序列）功能表點選 **Go to Gap**（移到間隙），即可在序列或特定的軌道找到間隙，播放磁頭也會移到間隙處。

使用下列快速鍵可以更快找出間隙。

Windows 快速鍵（**Mac 使用者請將** Ctrl **代換成** ⌘ ）：

· 移到下一個間隙： Shift + ; 鍵

· 移到上一個間隙： Ctrl + Shift + ; 鍵

			CS6	CC	CC14	CC15	CC17	CC18	CC19

2-22
修剪影片

使用頻率	只想從影片中保留想要的範圍,「修剪」作業是基本的剪接技巧,
☆ ☆ ☆	接下來為大家說明修剪的操作。

影片的修剪與「持續時間」的調整

影片的長度,也就是播放的長度。在影片剪輯的世界稱為「持續時間」(duration),而「修剪」(trimming) 就是調整持續時間長度的作業。

Premiere Pro 可利用「修剪工具」修剪影片。簡單地說,就是利用修剪工具拖曳影片的邊緣調整播放時間。此外,使用 Premiere Pro 調整影片長度,並不會真正刪除多餘的部分,只是無法從序列中看到而已。

▶ 修剪工具的名稱

Premiere Pro 內建了如圖這些修剪工具。

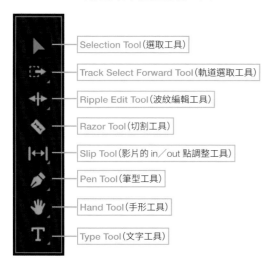

Selection Tool(選取工具)

Track Select Forward Tool(軌道選取工具)

Ripple Edit Tool(波紋編輯工具)

Razor Tool(切割工具)

Slip Tool(影片的 in／out 點調整工具)

Pen Tool(筆型工具)

Hand Tool(手形工具)

Type Tool(文字工具)

▶ 修剪其實是隱藏部分影片

雖然影片的修剪是刪除不必要的部分,但其實並不是真的剪下影片某部分,也不是從影片資料中刪除,只是隱藏該部分而已。此外,將未經修剪的影片配置到序列後,兩端會顯示三角符號 ◣、◢。一旦經過修剪,這個三角符號就會不見,我們也能藉此得知影片是否曾被修剪。

修剪掉的部分只是隱藏起來

在時間軸顯示的序列

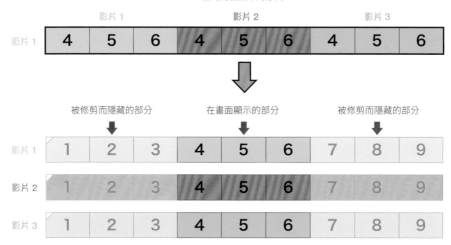

修剪前的影片

末端的三角符號
開端的三角符號

修剪前

修剪後

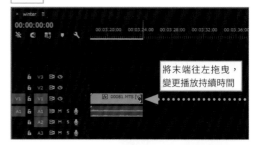

將末端往左拖曳，
變更播放持續時間

可以隨時拖曳成原本的長度

向右拖曳

隱藏的影格可隨時重新顯示

Premiere Pro 將影片的開頭稱為「In 點」(入點)，將影片的末端稱為「Out 點」(出點)。裁剪影片簡單地說，就是拖曳影片的開端與末端的操作。藉由拖曳可變更 In 點與 Out 點，隱藏部分影片。重新將 In 點與 Out 點拖曳至原處，即可讓隱藏的影片重新顯示。

入點　　　　　　　　　　　　　　　　　　　　　　　　　　　　　　出點

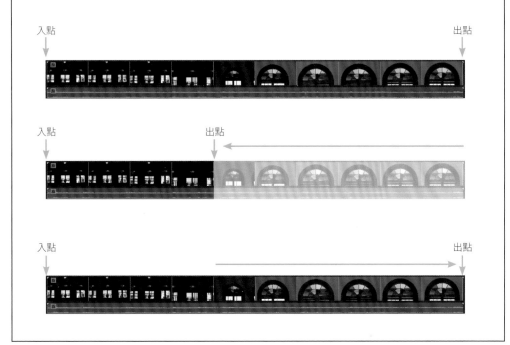

入點　　　　　　　　　　　　出點

入點　　　　　　　　　　　　　　　　　　　　　　　　　　　　　　出點

TIPS　影片無法延展到超出原本的持續時間

修剪後變短的影片，無法藉由拖曳來增加持續時間。如果硬是要延展，就會顯示 Trim media limit reached on Video(達到修剪媒體限制) 這類訊息。

2-23
修剪的基本操作就是以「選取工具」拖曳

使用頻率

★ ☆ ☆

修剪是影片剪輯的基本作業，而這項作業的基本工具就是 Selection Tool(選取工具)。只要拖曳影片的開端與末端即可修剪影片。

利用「選取工具」修剪

　　修剪工作的基本就是使用 Selection Tool(選取工具) ▶ 操作。讓我們試著修剪在兩段影片間的影片。將滑鼠游標移到影片邊緣時，游標形狀會跟著改變，此時即可開始拖曳。修剪後會產生間隙，請刪除間隙，或是參考後續介紹的 Ripple Edit Tool(波紋編輯工具) ◆◆ 在不產生間隙的情況下完成修剪。

❶ 點選 Selection Tool(選取工具) ❷ 將滑鼠游標移動到影片開頭

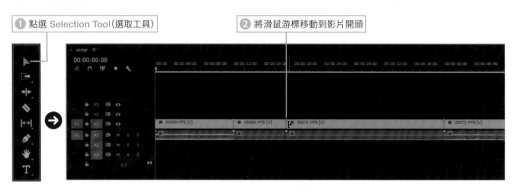

❹ 一邊拖曳，一邊透過 Program 面板確認影格畫面

❸ 往右拖曳滑鼠

POINT

滑鼠游標移到影片的開頭或結尾時，[的方向會不同。所以可選擇要編輯入點還是出點。

移到開頭的情形
(編輯入點)

移到結尾的情形
(編輯出點)

⑤ 在理想的位置放開滑鼠

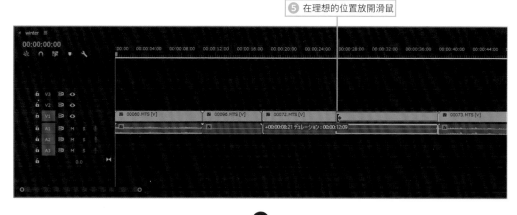

⑥ 開始位置（入點）被修剪了

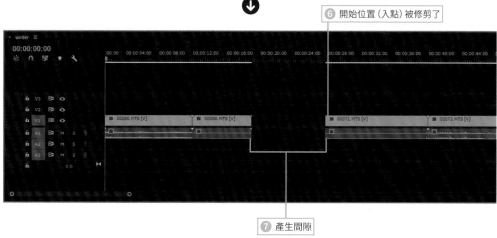

⑦ 產生間隙

TIPS　入點與出點

修剪只是指定影片要保留的範圍與要刪除的範圍，而範圍的起點為「入點」，範圍的終點為「出點」。

2-24
利用 Ripple Edit Tool 修剪

使用頻率 ☆ ☆ ☆	在序列的軌道上修剪影片可能會出現間隙。此時，可以使用 Ripple Edit Tool(波紋編輯工具) ◀▶，讓修剪後不會產生間隙。

使用 Ripple Edit Tool 修改持續時間

　利用 Ripple Edit Tool(波紋編輯工具) ◀▶ 修剪影片的方法雖然與 Selection Tool(選取工具) ▶ 相同，但是卻不會造成間隙，這是兩個工具的最大差異。若是只有一個影片或多個影片並排，利用 Selection Tool ▶ 選取開頭或結尾處的影片或許無所謂，但是要修剪被夾在中間的影片，還是建議使用 Ripple Edit Tool ◀▶。此外，善用快速鍵可以更快完成修剪。

---

1 切換成 Ripple Edit Tool(波紋編輯工具)

將 Selection Tool(選取工具) ▶ 移到影片的接合處，滑鼠游標會變成紅色修剪工具，此時若按住 Ctrl 鍵，就能切換成 Ripple Edit Tool(波紋編輯工具) ◀▶，或是直接點選 Tool(工具) 面板的 ◀▶。

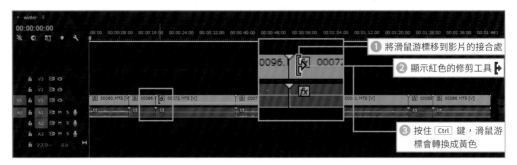

❶ 將滑鼠游標移到影片的接合處

❷ 顯示紅色的修剪工具 ▶

❸ 按住 Ctrl 鍵，滑鼠游標會轉換成黃色

---

2 拖曳滑鼠，修剪影片

拖曳滑鼠即可修剪影片。

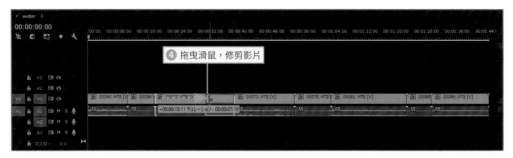

❹ 拖曳滑鼠，修剪影片

3 放開滑鼠左鍵也不會出現間隙

放開滑鼠左鍵也不會在修剪的位置造成間隙，但是整體的持續時間會依照修剪的長度縮短。

⑤ 沒有造成間隙

⑥ 持續時間縮短了

TIPS 還原修剪

往反方向拖曳可還原修剪的部分。

POINT

修剪影片時，會在 Program 面板中顯示影像，而這影像是正在修剪的影片開頭與前一段影片的末端影格。

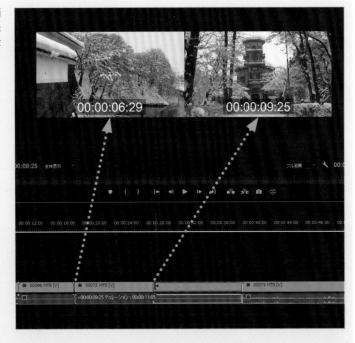

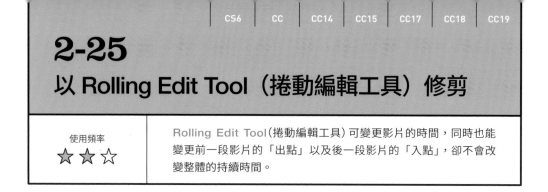

2-25
以 Rolling Edit Tool（捲動編輯工具）修剪

使用頻率	Rolling Edit Tool（捲動編輯工具）可變更影片的時間，同時也能變更前一段影片的「出點」以及後一段影片的「入點」，卻不會改變整體的持續時間。
★★☆	

利用 Rolling Edit Tool 變更入點／出點

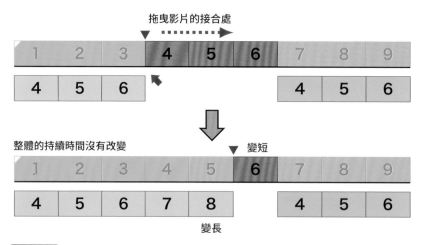

拖曳影片的接合處

整體的持續時間沒有改變　變短

變長

POINT

Rolling Edit Tool（捲動編輯工具）要用在已經修剪完成的影片。若影片未經修剪，就無法呈現效果。

1 切換到 Rolling Edit Tool（捲動編輯工具）

將滑鼠游標移到影片的接合處，再按住 Ctrl 鍵（Mac 為 ⌘ 鍵），就能切換成 Rolling Edit Tool（捲動編輯工具）。

❶ 將滑鼠游標移到影片的接合處

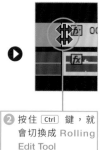

❷ 按住 Ctrl 鍵，就會切換成 Rolling Edit Tool

2　拖曳接合處

拖曳滑鼠修剪影片。此範例是向右拖曳。

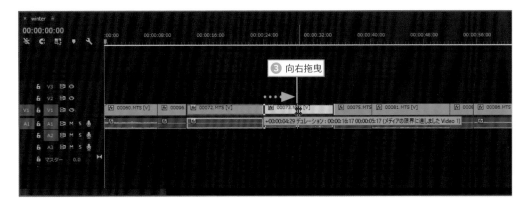

③ 向右拖曳

3　修剪完成

接合處的位置變更了，前一段影片的持續時間變長，後一段影片的持續時間變短了。

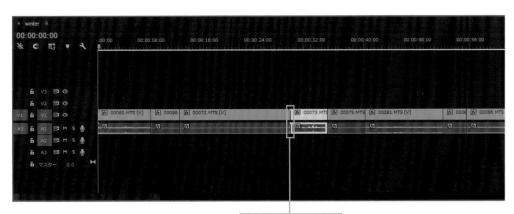

④ 接合處的位置改變了

2-26
利用 Slip Tool（外滑工具）修剪

使用頻率	利用 Slip Tool（外滑工具）修剪，可同時變更已修剪過的影片其入點與出點，而且不會改變影片的持續時間。
★ ★ ☆	

同時變更影片的入點／出點

Slip Tool（外滑工具）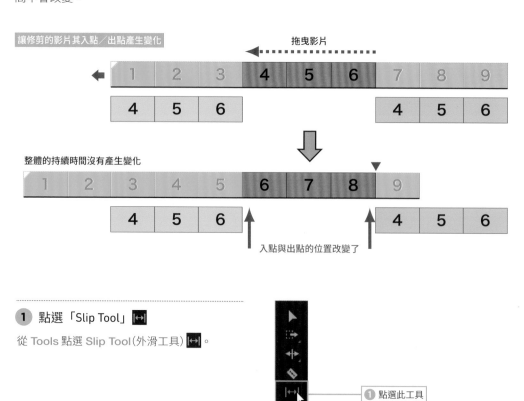不會改變目標影片的持續時間，而是同時改變影片的入點與出點。你可以將目標影片想像成「往外滑動」會比較容易理解。此外，影片整體的持續時間不會改變。

> **POINT**
>
> Slip Tool（外滑工具）只能在修剪過的影片使用，否則無法呈現效果。

讓修剪的影片其入點／出點產生變化

拖曳影片

整體的持續時間沒有產生變化

入點與出點的位置改變了

---

1 點選「Slip Tool」

從 Tools 點選 Slip Tool（外滑工具）。

① 點選此工具

2　拖曳影片

在要變更「入點」與「出點」的影片上左右拖曳滑鼠，此時影片的「入點」與「出點」影格會於 Program 面板中顯示。

❷ 點選要修剪的影片

❸ 開始拖曳滑鼠

❹ 顯示影片的影格畫面

前一段影片的「出點」影格

後一段影片的「入點」影格

拖曳中影片的結尾影格

拖曳中影片的開頭影格

3　修剪結束

即使變更了影片的「入點」與「出點」，但整體時間長度看起來沒什麼改變。

❺ 前一段影片的「出點」影格改變了

❻ 後一段影片的「入點」影格改變了

使用 Slide Tool（內滑工具）修剪

使用頻率	Slide Tool（內滑工具）可變更影片的顯示位置。雖然影片的入點／出點不會改變，但是拖曳前後的影片其入點與出點卻改變了。
★ ★ ☆	

一邊移動影片的位置一邊修剪

以 Slide Tool（內滑工具）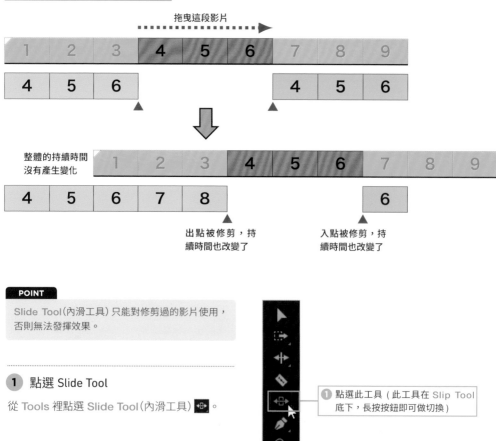 前後拖曳影片，該影片的前後影片的入點／出點都會被修剪，但正在拖曳的影片不會產生變化，整體影片的持續時間也不會改變。

POINT

Slide Tool（內滑工具）只能對修剪過的影片使用，否則無法發揮效果。

1 點選 Slide Tool

從 Tools 裡點選 Slide Tool（內滑工具）。

① 點選此工具（此工具在 Slip Tool 底下，長按按鈕即可做切換）

2　拖曳影片

點選要拖曳的影片，再往左右拖曳。此時 Program 面板會顯示前後影片的影格畫面。

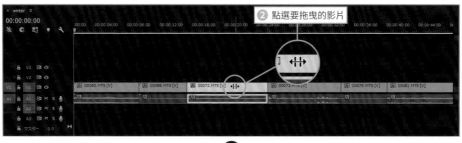

2 點選要拖曳的影片

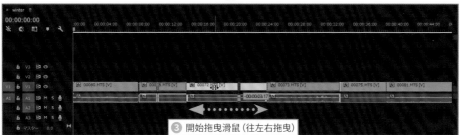

3 開始拖曳滑鼠 (往左右拖曳)

4 顯示了影片的影格畫面

拖曳中影片的開頭影格

拖曳中影片的結尾影格

後一段影片的入點影格

前一段影片的出點影格

3　修剪結束

只有改變拖曳的影片位置，整體的持續時間沒有改變。

修剪前

修剪後

5 出點改變了

6 入點改變了

| | | CS6 | CC | CC14 | CC15 | CC17 | CC18 | CC19 |

2-28
設定慢動作或快轉

使用頻率	Rate Stretch Tool（速率調整工具）可以調整素材的播放速度，讓影片播放速度變快或變慢。
★ ★ ☆	

利用「Rate Stretch Tool」設定慢動作或快轉

一般而言，修剪作業不能讓影片超過原本的持續時間（播放時間），但是利用 Rate Stretch Tool（速率調整工具）  就能拉長原本的持續時間，此時會把原本的影片自動補充（增加）為慢動作影片。反之，如果縮短持續時間，就能讓影片多餘的部分快轉，製作成快轉影片。

1 點選「Rate Stretch Tool」

從 Tools 中點選 Rate Stretch Tool（速率調整工具）。

① 點選此工具（此工具在 Ripple Edit Tool 底下，長按按鈕即可做切換）

2 製作慢動作影片的範例

想設定慢動作時，可將影片末端往右側拖曳，拉長持續時間。

修剪前

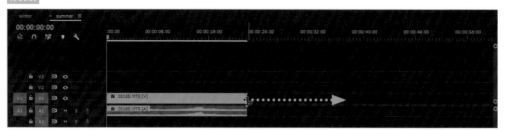

② 向右側拖曳

③ 持續時間變長了

---

3 快轉的範例

若想設定快轉，可將影片末端往左側拖曳，縮短播放時間。

POINT

使用 Rate Stretch Tool 後，影片名稱旁的 📷 符號會變成黃色，提醒使用者已用過 Rate Stretch Tool 調整。

調整前

④ 往左邊拖曳

⑤ 持續時間縮短了

TIPS 利用「Speed／Duration」調整影片速度

在序列裡的影片按下滑鼠右鍵，從選單點選 **Speed／Duration**（速度／持續時間）後，會開啟 **Clip Speed／Duration**（剪輯速度／持續時間）」交談窗。變更 **Speed**（速度）的數值可設定慢動作或快轉。此外，勾選 **Reverse Speed**（倒轉速度）可製作倒轉播放的影片。

・比 100% 小的數值：設定慢動作。
・比 100% 大的數值：設定快轉。

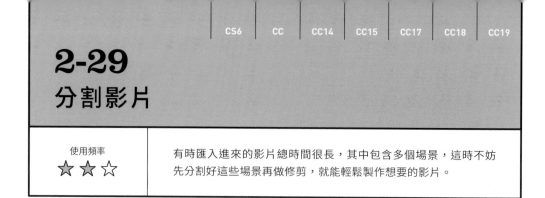

2-29 分割影片

使用頻率

★ ★ ☆

有時匯入進來的影片總時間很長，其中包含多個場景，這時不妨先分割好這些場景再做修剪，就能輕鬆製作想要的影片。

分割影片

Razor Tool(切割工具) 可用來分割影片，而且是以影格為單位做分割。此外，從攝影機匯入的 HDV 格式影片會自動分割成場景，所以無法擷取，此時不妨先整理成一個小時一個影片檔，之後再利用 Razor Tool(切割工具) 分割。

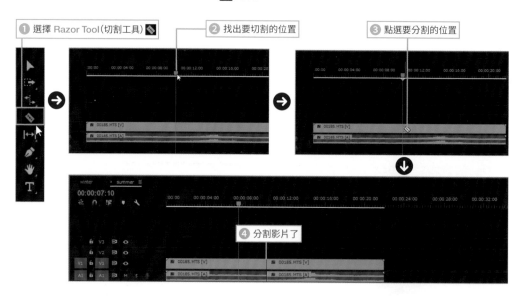

① 選擇 Razor Tool(切割工具)　② 找出要切割的位置　③ 點選要分割的位置

④ 分割影片了

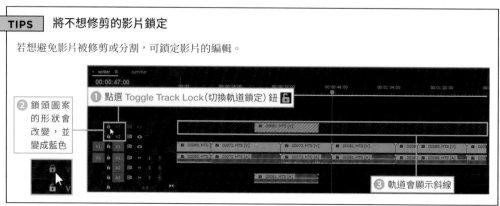

TIPS 將不想修剪的影片鎖定

若想避免影片被修剪或分割，可鎖定影片的編輯。

① 點選 Toggle Track Lock(切換軌道鎖定) 鈕

② 鎖頭圖案的形狀會改變，並變成藍色

③ 軌道會顯示斜線

2-30
切換目標軌道

使用頻率 ★ ★ ☆	要複製 (或刪除) 軌道內的局部影片或音訊時，可用目標軌道功能。

CHAPTER 2　編輯影片

使用目標軌道

「目標軌道」指的是在進行插入／覆蓋這類影片的複製以及 Lift 或 Extract 利用入點／出點指定範圍時，用來指定目標軌道，只讓該軌道套用上述操作的功能。舉例來說，要在時間軸利用入點／出點的指定範圍，Lift 該範圍內的音訊時，可進行下列的操作。

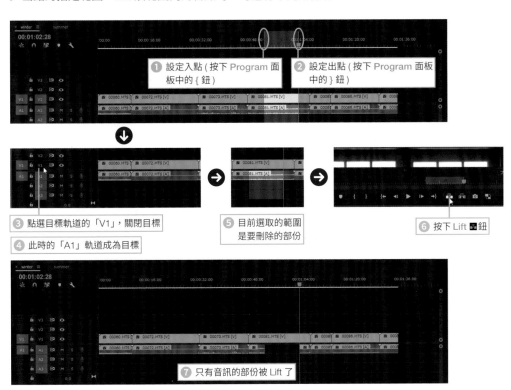

① 設定入點 (按下 Program 面板中的 { 鈕)
② 設定出點 (按下 Program 面板中的 } 鈕)
③ 點選目標軌道的「V1」，關閉目標
④ 此時的「A1」軌道成為目標
⑤ 目前選取的範圍是要刪除的部份
⑥ 按下 Lift 鈕
⑦ 只有音訊的部份被 Lift 了

TIPS　用於軌道之間的複製

希望將軌道內複製的影片配置到其他軌道時，可將目標軌道變更為「V2」、「A2」，避免「V1」、「A1」的影片被覆蓋。

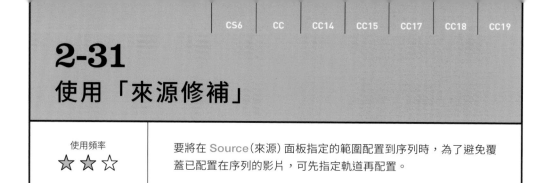

		CS6	CC	CC14	CC15	CC17	CC18	CC19

2-31
使用「來源修補」

使用頻率

★ ★ ☆

要將在 Source（來源）面板指定的範圍配置到序列時，為了避免覆蓋已配置在序列的影片，可先指定軌道再配置。

使用「來源軌道指示器」

要將在 Source 面板指定的「入點／出點」範圍配置到序列，可先指定要配置在哪個軌道。使用「來源修補」功能，可選擇配置插入或覆寫的影片軌道（這就稱為 Source Patching for inserts and overwriters（來源修補的指派）。

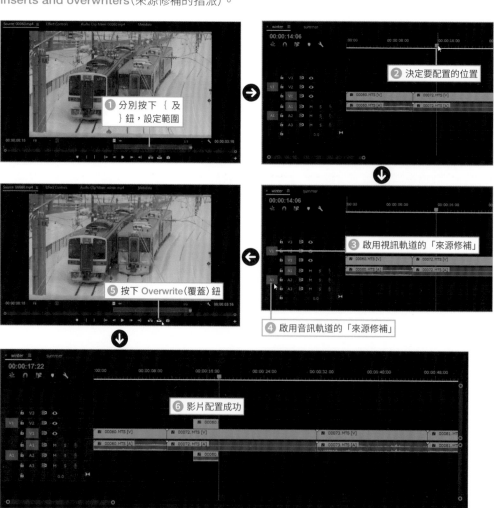

❶ 分別按下 ﹛ 及 ﹜ 鈕，設定範圍

❷ 決定要配置的位置

❸ 啟用視訊軌道的「來源修補」

❹ 啟用音訊軌道的「來源修補」

❺ 按下 Overwrite（覆蓋）鈕

❻ 影片配置成功

關閉「來源修補」

即使從 Source（來源）面板進行插入或覆蓋的操作，影片也不會配置到關閉的軌道上。

「A1」關閉的情況

只配置了影片，不會配置音訊

來源修補的 ON／OFF

來源修補有 ON、OFF、黑色／靜音這三種模式，這些模式都會產生不同的編輯結果。此外，點選來源修補即可切換 ON／OFF，按住 Alt 鍵（Mac 版本為 option 鍵）即可切換成黑色／靜音模式。

ON 的狀態

OFF 的狀態

黑色／靜音的狀態

・ON：顯示覆蓋、插入的結果。
・OFF：不顯示覆蓋、插入的結果。
・黑色／靜音：不顯示覆蓋、插入的結果，而是顯示相同持續時間的間隙。

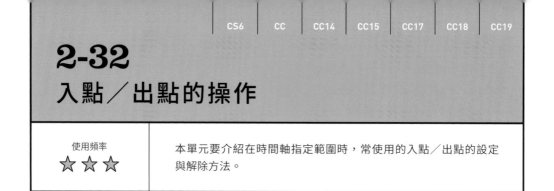

2-32
入點／出點的操作

使用頻率
★ ☆ ☆

本單元要介紹在時間軸指定範圍時，常使用的入點／出點的設定與解除方法。

入點／出點的設定

Premiere Pro 的序列或是 Source、Program 面板的時間軸都可利用入點／出點指定範圍，以便更有效率地完成編輯。

▶ **入點的設定**

首先，設定入點。

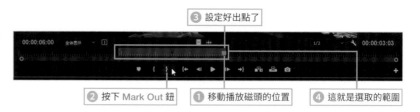

❶ 調整播放磁頭的位置　❷ 按下 Mark In 鈕　❸ 設定好入點了

▶ **出點的設定**

接著設定出點。

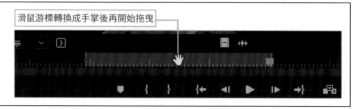

❸ 設定好出點了　❷ 按下 Mark Out 鈕　❶ 移動播放磁頭的位置　❹ 這就是選取的範圍

TIPS | **移動選取範圍**

拖曳範圍中央的 ■ 符號，即可移動入點與出點的位置。

滑鼠游標轉換成手掌後再開始拖曳

解除入點／出點

將播放磁頭移到入點或出點上，接著按下滑鼠右鍵，即可從選單中選擇「刪除入點／出點」的方法。可選擇刪除其中一邊或是兩邊一起刪除。

❶ 按下滑鼠右鍵　❷ 選擇刪除方法

2-33
切換同步鎖定

使用頻率	使用 Toggle Sync Lock（切換同步鎖定）功能，可暫時關閉軌道之間的同步。簡單來說，就是暫時關閉編輯效果。
★ ★ ☆	

利用「Toggle Sync Lock」的編輯方式

在 Premiere Pro 插入或覆蓋影片時，其編輯結果也會影響其他軌道。此時若使用 Toggle Sync Lock（切換同步鎖定），即可避免編輯結果影響其他軌道。

▶ **啟用 Toggle Sync Lock 時**

在啟用 Toggle Sync Lock（切換同步鎖定）的狀態下插入影片，編輯結果就會影響其他軌道的影片。

① 在 Source 面板中指定範圍

② 按下 Insert（插入）鈕

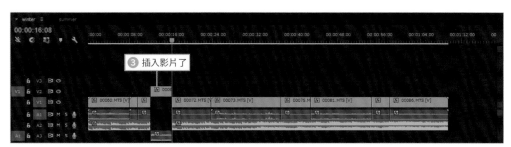

③ 插入影片了

▶ **停用 Toggle Sync Lock 時**

若關閉特定軌道的 Toggle Sync Lock，插入影片時，編輯結果不會套用在該軌道上。

① 關閉 Toggle Sync Lock

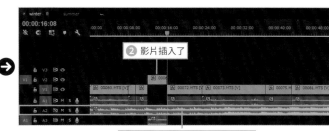

② 影片插入了

③ 編輯結果不會套用在這個軌道

2-34
在 Source（來源）面板中修剪影片

使用頻率 ★ ★ ☆	影片的修剪作業除了可在「序列」中進行，也可利用 Source（來源）面板進行。由於可以立即透過畫面一邊確認影片一邊修剪，所以很適合還不熟悉剪輯的初學者使用。

利用「Source」面板修剪與排列素材

利用 Source（來源）面板的 Insert（插入）與 Overwrite（覆蓋）這兩個按鈕，可從 Bin（素材箱）的影片選取必需的範圍，然後將該範圍配置到序列。大家可以想像成一邊修剪影片，一邊配置到序列的模式。讓我們試著選取必要的影片範圍，再將該範圍配置到序列上吧！此外，若是如畫面所示將播放磁頭移到序列上，就能將影片配置在該位置上。這種配置方式又稱「三點編輯」。

1 選取影片

在 Project（專案）面板雙按想修剪的影片。

2 顯示影片

Source（來源）面板會顯示剛剛選擇的影片。

3 決定開始位置

將播放磁頭移到想選取的開頭處，接著按下 Mark In（標記入點）鈕 ，設定入點。

4 決定結束位置

將播放磁頭移到想要結尾的地方，再按下 Mark Out(標記出點) 設定出點。

5 移動播放磁頭

在此將播放磁頭移到序列最左邊。播放磁頭可以移到任何位置，如果序列已有影片也沒關係。

⑥ 按下 Mark Out 鈕 (標記出點)　⑤ 將播放磁頭移到結束位置

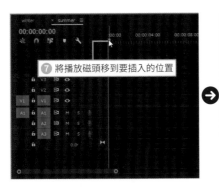

⑦ 將播放磁頭移到要插入的位置

⑧ 按下 Insert(插入) 鈕

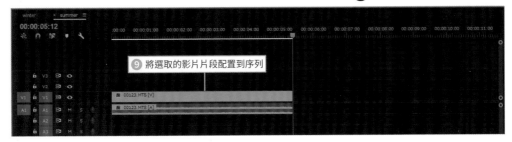

⑨ 將選取的影片片段配置到序列

TIPS　Insert 與 Overwrite 的不同

要將「入點／出點」設定的範圍配置到序列，在按下 **Insert**(插入) 鈕後，若插入的位置有影片，該影片就會被分割，再插入影片。如果按下 **Overwrite**(覆蓋)，就會覆蓋序列中的影片。

Insert(插入) 的範例

Overwrite(覆蓋) 的範例

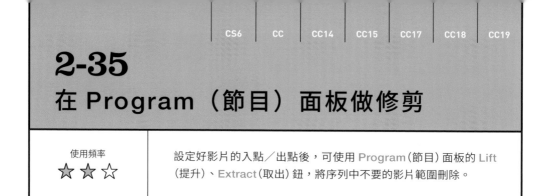

2-35
在 Program（節目）面板做修剪

| 使用頻率 ★ ★ ☆ | 設定好影片的入點／出點後，可使用 Program（節目）面板的 Lift（提升）、Extract（取出）鈕，將序列中不要的影片範圍刪除。 |

Lift 與 Extract

透過 Program（節目）面板，可一邊確認序列裡的影片內容，一邊編輯影片。你可以刪除序列影片中的多餘部分或是進行其他修剪。此外，Program（節目）面板的工具列中，有 Lift（提升）與 Extract（取出）這兩個按鈕，選用這兩個按鈕修剪影片時，會使刪除後的操作有所不同。

設定入點與出點

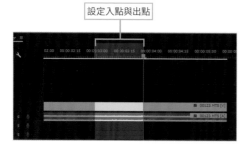

▶ **按下 Lift(提升) ▦ 鈕的範例**

選取的範圍會被刪除。

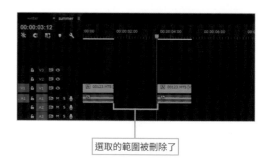

選取的範圍被刪除了

▶ **按下 Extract(取出) ▦ 鈕的範例**

刪除所選取的範圍，其後的影片會自動往前接合。

POINT

刪除間隙也可說成「波紋刪除」。

會刪除間隙的部份

2-36
變更入點與出點的範圍

使用頻率	在時間軸設定的入點／出點，可分別以拖曳的方式來調整位置。接下來為大家解說變更設定位置的操作。
★ ★ ☆	

變更入點與出點

利用 Mark In 鈕 或 Mark Out 鈕 ，設定入點／出點後，可再次變更標的範圍。

▶ 移動整個範圍

設定了入點與出點的範圍，中央處會顯示 圖示，拖曳這個圖示即可移動整個範圍。

拖曳

▶ 拖曳入點／出點

直接拖曳入點／出點的 、 圖示即可調整位置。

拖曳出點

TIPS　刪除入點／出點

要刪除入點／出點，可在 **Program**、**Source** 視窗或序列的時間軸按下滑鼠右鍵，再從選單選擇要刪除的符號。

❶ 在時間軸按下滑鼠右鍵

❷ 選擇要刪除入點／出點或是兩者

2-37
製作 Subclip

使用頻率	「Subclip」就是從記錄各種場景的「Master Clip」所分割出來的影片。這項功能可將主要的影片分割成一小段影片。
★ ★ ☆	

Master Clip 與 Subclip

從含有多個場景的「Master Clip」分割出來的影片稱為「Subclip」。

建立 Subclip

Subclip 可利用 Project 面板裡的影片製作,再透過 Source 面板預覽及指定範圍即可。Subclip 可當成一般的影片使用。

1 點選 Master clip

在 Project(專案)面板點選作為 Master Clip 的影片。此範例匯入 MP4 格式的影片,雙按影片即會在 Source 面板中顯示。

❷ 在 Source 面板中顯示

❶ 雙按影片

2 指定範圍

在 Source 面板的時間軸上，設定入點／出點，指定範圍。

3 執行『Make Subclip』命令

從 Clip 功能表點選 Make Subclip（Ctrl + U 鍵）。

4 輸入 Subclip 的名稱

開啟 Make Subclip 交談窗後，輸入 Subclip 的名稱。

5 Subclip 建立完成

Subclip 建立完成後，Project 面板會新增 Subclip 的縮圖。重複這個步驟可建立多段影片。

| | | CS6 | CC | CC14 | CC15 | CC17 | CC18 | CC19 |

2-38
編輯 Subclip

| 使用頻率 | Subclip 可利用 Edit Subclip 編輯，此時可調整 Subclip 的入點與 |
| ★ ★ ☆ | 出點。 |

開啟「Edit Subclip」交談窗

Subclip 只是一段含有在 Master Clip 中指定範圍資訊的影片，沒有實際具體的影片資料，影片的主體還是 Master Clip。若想變更 Subclip 的範圍，就等於是變更參考 Master Clip 的範圍。開啟 Edit Subclip 交談窗即可進行設定。

① 在要變更範圍的 Subclip 按下滑鼠右鍵

② 點選 Edit Subclip

③ 按一下時間，即可變更開始位置（或是直接在時間上左右拖曳）

④ 按一下時間，即可變更結束位置（或是直接在時間上左右拖曳）

TIPS **轉換成 Master Subclip**

勾選 **Convert to Master Clip**，就能將 Subclip 轉換成 Mater Clip，換言之，就會具有影片資料。簡單地說，就是「複製必要範圍」的意思。

勾選此項

2-39
「Marker」的功能與種類

使用頻率	編輯影片時，先記住作業位置是非常重要的，例如想在特定的位置加入特效就是這種情況。此時派上用場的就是「Marker」（標記），大家可把這項功能想成「便利貼」或「書籤」。

認識 Marker

「Marker」（標記）可在序列的時間軸上設定，可把它當作對齊影片的記號使用，也可以當作備註。此外，Marker 並不會對輸出的影片造成任何影響。

▶ Marker 的種類

Premiere Pro 的 Marker 主要是依功能分類。例如可指定特定位置或時間的 Marker 讓影片對齊，或者是在作為基準的位置設定 Marker，就能在進行其他作業時，跳到這個 Marker 的位置。

Marker 共有四種，在時間軸裡會以不同的顏色顯示。

Comment Marker（註解標記）
可在時間軸留下註解或備註的標記。

Chapter Marker（章節標記）
在 Adobe Encore CS6 製作 DVD 視訊時，可作為章節標記使用。

Web Link（Web 連結）
可在影像新增超連結，前往網頁瀏覽的標記。不過只能在 QuickTime 這類支援網頁連結的檔案格式使用。

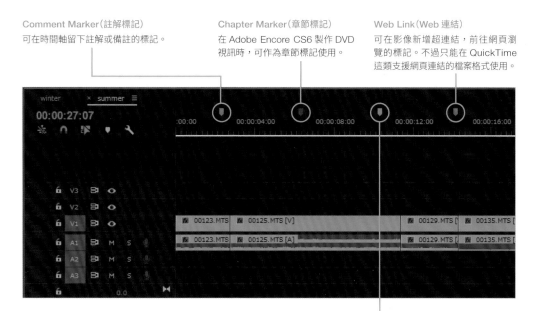

Segmentation Marker（分段標記）
支援常見的 MXF 檔案格式的「AS-11」的標記。利用 Premiere Pro CC 輸出 AS-11 格式時，這個標記會被當成分段切割影片的段落點輸出。

| CS6 | CC | CC14 | CC15 | CC17 | CC18 | CC19 |

2-40
Marker 的設定

使用頻率

Marker 可在時間軸或影片上做設定,現在就來看看如何設定。

在時間軸設定 Marker

首先,我們要在時間軸上設定註解標記。

1 移動播放磁頭

將播放磁頭拖曳到要設定 Marker 的位置。請不要選取軌道上的影片。

2 新增 Marker

點選軌道上方的 Add Marker(新增標記)鈕 █,即可新增標記。

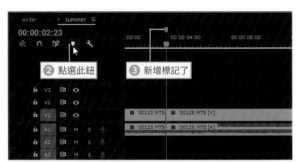

TIPS **變更成其他類型的標記**

Add Marker(新增標記)鈕█可新增註解標記。新增標記後,若想變更成其他類型的標記,可雙按註解標記,開啟 **Marker** 交談窗,從中選擇需要的標記類型。

在此選擇需要的標記

2-41
在 Marker 中設定註解

使用頻率	接著，我們要在時間軸的 Marker 設定註解。設定註解等於將標記
★ ★ ☆	當成便條紙或便利貼使用。

輸入註解

雙按時間軸的 Marker，開啟 **Marker** 交談
窗後，在 **Comments**（註解）欄位輸入說明。

2 輸入名稱

3 輸入註解

1 雙按 Marker

4 按下此鈕

TIPS　開啟「Marker」面板

Project（專案）面板的群組裡有 **Markers** 面板，此面板會列出所有設定的 Marker 與輸入的註解。

1 點選設定了 Marker 的序列

2 切換到 Markers 頁次

3 列出所有的 Marker 與註解

2-42
Marker 的移動與刪除

使用頻率

★ ★ ☆

配置在時間軸的 Marker 除了可自由調整位置,也可以隨時刪除。
在此將說明移動與刪除 Marker 的方法。

移動 Marker

拖曳時間軸的 Marker 即可移動位置。

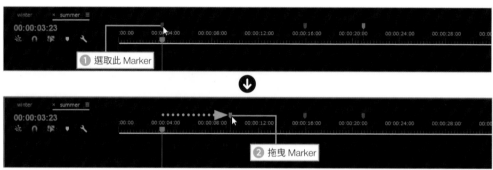

刪除 Marker

要刪除 Marker 時,請在 Marker
上按滑鼠右鍵,再從選單選擇刪除
方法。

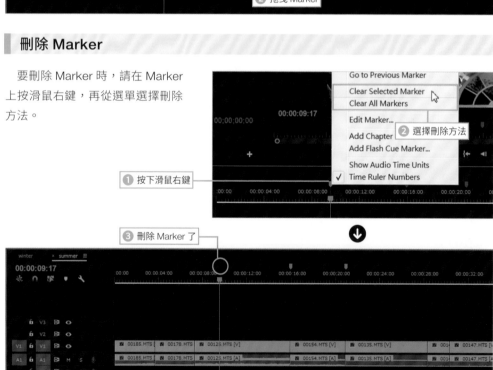

2-43
在 Marker 之間移動

使用頻率
★ ★ ☆

要讓播放磁頭移動到 Marker，可在時間軸按下滑鼠右鍵，從選單選擇移動方法，還可以利用 Markers 面板輕鬆移動。

在 Marker 之間移動

要讓播放磁頭在 Marker 間移動，可透過選單快速操作。

❶ 按下滑鼠右鍵

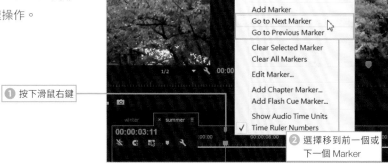

❷ 選擇移到前一個或下一個 Marker

▶ 使用 Markers 面板切換

使用 Markers 面板可在 Marker 間迅速切換。

❷ 點選要前往的 Marker　❶ 開啟 Markers 面板

❸ 前往點選的 Marker 了

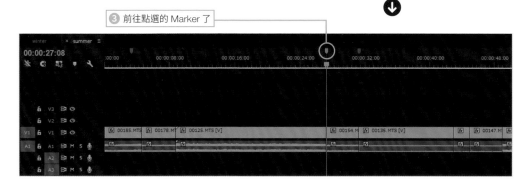

2-44
在影片上設定 Marker

使用頻率
★ ★ ☆

Marker 除了可在時間軸上設定，也可以直接在影片上設定。請從序列或 Source 面板進行操作。

在影片上設定

要在序列的影片上設定 Marker，請如圖操作。

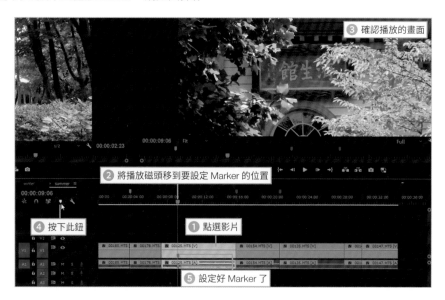

❸ 確認播放的畫面

❷ 將播放磁頭移到要設定 Marker 的位置

❹ 按下此鈕

❶ 點選影片

❺ 設定好 Marker 了

在 Source 面板設定

要在 Source 面板設定時，請先將播放磁頭移到要設定的位置，再點選 Source 面板下方的 Add Marker（新增標記）鈕。

❷ 按下此鈕

❸ 新增標記了

❶ 將播放磁頭移到想要的位置

❹ 序列裡的影片也會新增標記

2-45
重複影格標記

使用頻率

★ ★ ☆

在單一的序列配置相同的影片時，可利用 Show Duplicate Frame Markers（重複影格標記）功能，來提醒您影片有重複配置的標記。

▌利用 Show Duplicate Frame Markers 確認重複的位置

　　若是故意要在單一序列配置相同的影片當然沒問題，但有時是不小心配置了相同的影片。此時可使用 Show Duplicate Frame Markers 功能，如此一來就能輕鬆確認影片是否重複。

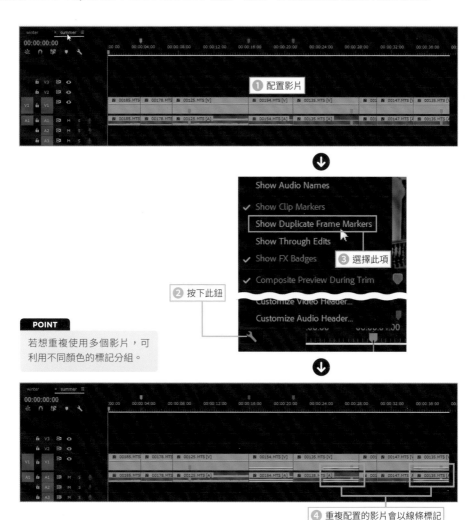

POINT

若想重複使用多個影片，可利用不同顏色的標記分組。

① 配置影片

② 按下此鈕

③ 選擇此項

④ 重複配置的影片會以線條標記

2-46
使用多機剪輯

使用頻率	多機剪輯可一邊切換多台攝影機拍攝的影片，一邊將需要的影片組成一個完整的影片。這裡要說明的是如何將一台攝影機拍攝的影片，利用多機剪輯的方法。
★ ☆ ☆	

多機剪輯

多機剪輯是可編輯與應用多台攝影機拍攝的 footage（鏡頭）功能。多機剪輯基本上能在來源軌道同時顯示多台攝影機的影片，然後一邊即時切換這些軌道，一邊顯示主要影片。簡單來說，就像現場直播時，一邊切換攝影機，一邊傳送影片的切換器。

▶ 像切換攝影機位置般切換場景

在此是將一台攝影機拍攝的鏡頭配置在四個軌道裡，試著以切換攝影機的方式切換場景。如果電腦配有足夠的記憶體與高階的 CPU，就能一次顯示 10 個、20 個甚至更多的影片。

多機剪輯的畫面

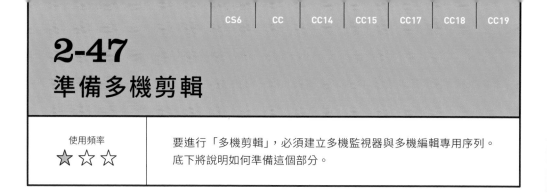

2-47
準備多機剪輯

| 使用頻率 ★ ☆ ☆ | 要進行「多機剪輯」，必須建立多機監視器與多機編輯專用序列。底下將說明如何準備這個部分。 |

CHAPTER 2　編輯影片

「多機」監視器的準備

在多機剪輯中，必須將 Program 面板切換成「多機」監視器。這項功能沒有內建為命令，所以必須自行設定切換按鈕。多機剪輯需要下列兩個按鈕。此外，按鈕要利用 Button Editor（按鈕編輯器）來增加。

- **Multi-CameraRecord On/Off Toggle**（開始／停止多機記錄）
- **Toggle Multi-Camera View**（切換多機顯示）

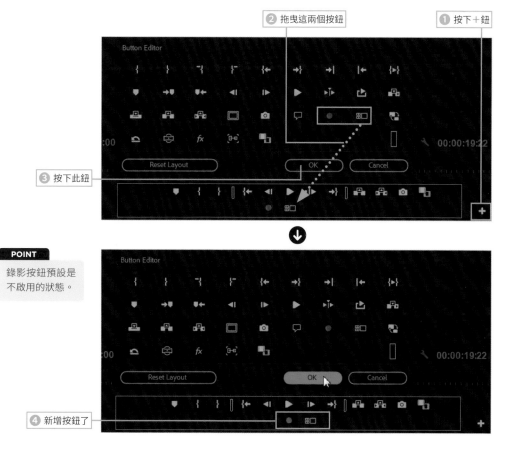

POINT
錄影按鈕預設是不啟用的狀態。

建立「多機來源序列」

在此要利用 4 段影片試用多機編輯功能。一開始先在 Project（專案）面板或素材箱準備影片，再將這 4 段影片建立「多機來源序列」。

請選取需要使用的影片，再按下滑鼠右鍵，點選 Create Multi-Camera Source Sequence（建立多機來源序列）。

④ 點選同步點，在此維持預設值即可

⑥ 建立多機來源序列了

POINT

先在影片設定 Marker 也能使用同步點。

POINT

Processed Clips（處理的剪輯）資料夾會儲存多機來源序列使用的影片。

2-48
執行多機編輯

使用頻率	多機監視器與多機編輯用序列都準備就緒後，我們就可以多機的
☆ ☆ ☆	模式編輯。

進行多機剪輯

建立多機專用的序列後，請將該序列拖曳到 Timeline（時間軸）面板，將新的序列建立成巢狀構造。此時會新增新的序列，所以可利用多機監視器進行多機編輯。

▶ 將序列打造成巢狀構造

將多機序列拖曳到 Timeline（時間軸）面板，建立新的序列。

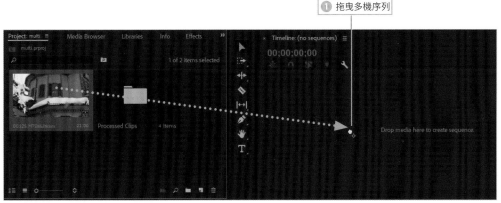

①拖曳多機序列

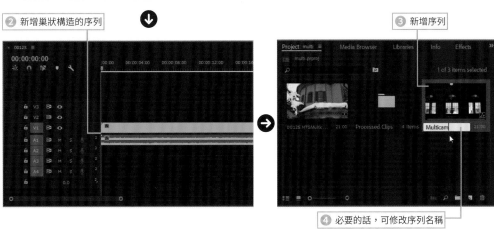

②新增巢狀構造的序列

③新增序列

④必要的話，可修改序列名稱

▶ **在多機監視器編輯影片**

序列建立完成後，切換成多機監視器編輯。

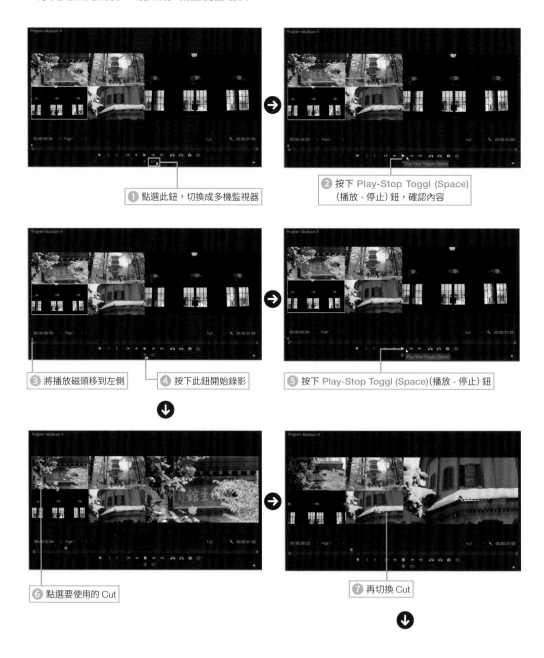

❶ 點選此鈕，切換成多機監視器

❷ 按下 Play-Stop Toggl (Space)
(播放 - 停止) 鈕，確認內容

❸ 將播放磁頭移到左側　❹ 按下此鈕開始錄影

❺ 按下 Play-Stop Toggl (Space)(播放 - 停止) 鈕

❻ 點選要使用的 Cut

❼ 再切換 Cut

⑨ 按下錄影鈕停止錄影　　⑧ 按下此鈕

⬇

編輯前

⬇

編輯後

| [MC2] 0 | [MC4] 00086.MTS | [MC1] 00125.M | [MC4] 00086.MTS | [MC3] 00081 | [MC2] 00072.MTS | [MC1] 00125.MTS |

⬇

⑩ 回到正常的畫面

2-49
修正遺失連結

使用頻率

★ ★ ☆

變更正在編輯的素材檔名或是儲存的資料夾名稱，或是移動與刪除的話，就會發生「遺失連結」的問題。接著將說明如何修正這個問題的方法。

解決遺失連結的問題

若是移動、刪除匯入的素材或是變更檔案名稱，就會發生「遺失連結」的問題，此時只要重新設定連結，就能解決這個問題。Premiere Pro CC 會在資料夾被更名後，自動搜尋相同的檔名，不過，若是檔案被刪除，必須選取其他的檔案或是刪除遺失連結的影片。此外，如果選擇了其他檔案作為連結目標，就不一定要使用相同的檔名。

▶ 重新連結遺失連結的圖示

首先說明如何重新連結變更檔名後，遺失連結的圖示。

❶ 以一般的模式結束編輯

❷ 變更資料夾的檔名

③ 自動開啟 Link Media 交談窗

④ 顯示缺少這些剪輯的媒體

⑤ 按下 Locate 鈕

⑥ 選擇變更檔名或是移動位置的資料夾／檔案

⑧ 若有變更影片的檔名，也要點選影片

⑦ 確認取消勾選 Display Only Exact Name Matches（僅顯示精確名稱匹配）項目

⑨ 按下此鈕

TIPS　在編輯時修正

若無法顯示上述重新找回連結的交談窗，可在進入編輯模式後修正失去的連結。以檔名有所變動的情況為例，可在 **Project** 面板失去連結的圖示上按滑鼠右鍵，再從選單點選 **Link Media**。

② 在失去連結的圖示按下滑鼠右鍵

③ 選擇這裡

① 失去連結

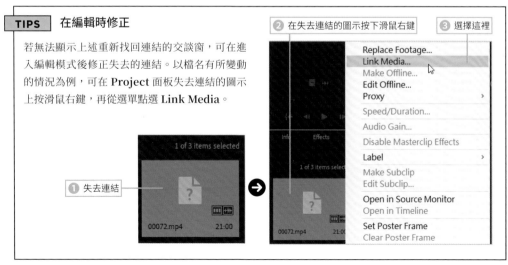

2-50
新增／刪除軌道

使用頻率	序列的視訊軌道與音訊軌道預設都是各三條，後續可視情況新增。
★ ★ ☆	

新增軌道

要新增軌道可從 Sequence 功能表點選 Add Tracks，或是如下圖所示在軌道上新增。理論上可以無限增加軌道的數量，但還是取決於系統資源的多寡。此外，不管是視訊軌道還是音訊軌道，都可以一條一條新增或是一次新增多條。底下我們試著新增一條視訊軌道吧！

請在視訊軌道的軌道標頭按下滑鼠右鍵，從選單中選擇 Add Track。選單內容會隨著滑鼠右鍵點選的位置而有所不同。

在軌道標頭的軌道上按滑鼠右鍵

在軌道標頭的空白部分按下滑鼠右鍵

① 在 V3 按滑鼠右鍵　② 選擇此命令

❸ 新增軌道了

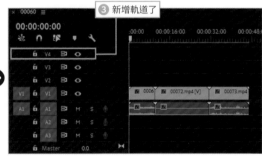

TIPS 一次新增多個軌道

若要一次新增多個視訊軌道或是要同時新增多個視訊與音訊軌道，可利用 **Add Tracks** 命令，開啟 **Add Tracks** 交談窗，從交談窗中做設定。

刪除軌道

若要刪除軌道可從 Sequence 功能表點選 Delete Tracks（可刪除多個軌道）或是直接在軌道名稱按滑鼠右鍵，從選單裡點選 Delete Track。

TIPS 選擇軌道的種類與類型再刪除

從 **Sequence** 功能表中點選 **Delete Tracks**，會開啟 **Delete Tracks** 交談窗，勾選要刪除的軌道種類後，即可刪除軌道。不過，刪除軌道後面板的高度不會跟著調整。

| | | | CS6 | CC | CC14 | CC15 | CC17 | CC18 | CC19 |

2-51
方便好用的修剪快速鍵

| 使用頻率 ☆ ☆ ☆ | 修剪影片時，若能善用快捷鍵，可節省許多操作步驟，底下整理一些快速鍵供您參考。 |

進行編輯作業時可用的快速鍵

在 Premiere Pro 編輯影片，基本上都使用滑鼠編輯，若使用快速鍵可更迅速地完成作業。

▶ 播放時的快速鍵

快速鍵	功能
J	反向播放
K	停止播放
L	播放

此外，若按住 J 鍵、L 鍵，可將播放速度調整為2倍速、3倍速或4倍速。

▶ 跳至編輯點

若希望將播放磁頭快速移到影片與影片的接合處，可按 ↑ 鍵與 ↓ 鍵。

▶ 操作影片的快速鍵

快速鍵	功能
. （點）	覆蓋
, （逗點）	插入
; （分號）	提升
: （冒號）	取出
+ （加號）	放大視訊軌縮圖
− （負號）	縮小視訊軌縮圖
Shift + @ （at符號）	最大化面板或還原面板大小
Ctrl + Z	還原
Shift + Ctrl + Z	重做

 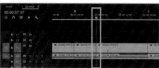 

TIPS 自訂快捷鍵

點選 Edit 功能表（Mac 為 Premiere Pro CC）的 Keyboard Shortcuts，即可查看各個快速鍵，也能自訂快速鍵。
CC 2017 版之後會搭載鍵盤畫面，讓快速鍵的操作變得更簡單。

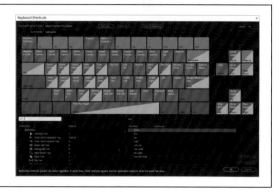

3

—

套用「效果」讓
影片變得更精彩

在編輯過的影片套用特殊效果,將有助於提升影片的
可看性,最基本的特效就是「轉場」(也有人稱為「過
場」),如果不想讓場景在切換時太過突兀,可以用特
效來緩和。

此外,對整個影片設定 Video Effects 也有明顯的效
果,不過要注意的是,別過度使用特效,否則反而會
讓影片變得難以觀看。

3-1
關於「轉場」

使用頻率 ★ ★ ★	轉場指的是切換場景時使用的特殊效果,可讓場景的切換變得更為平順,不過套用太多效果反而會破壞影片的故事性,使用時千萬要多注意。

「轉場」效果

　　轉場是讓正在播放的場景切換到下個場景時所使用的特殊效果。設定轉場後,會在前一個場景與後一個場景的切換處套用效果,讓觀眾不會覺得場景的轉換很突兀。

沒有設定轉場效果的場景切換

有設定轉場效果的場景切換

3-2
設定轉場效果

使用頻率	要設定轉場效果，請先切換到 Effects（效果）面板，展開畫面左側的 Video Transitions，將轉場效果配置在序列軌道的影片與影片交接處。

在影片的交接處做設定

要設定轉場效果可在 Effects（效果）面板中點選喜歡的轉場效果，再拖曳到影片的交接處。

1　選擇效果

點選 Effects（效果）面板的 Video Transitions，展開分類後，從中選擇適合的轉場效果。

2　拖曳效果

將剛剛選擇的轉場效果拖曳到序列裡，影片與影片的交接處。

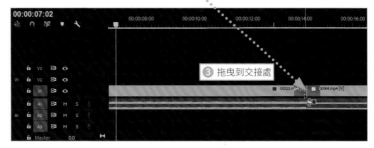

3　拖曳到交接處

套用了轉場效果。

3-3
影片的「預備影格」與轉場效果的關係

使用頻率	要將兩張紙黏貼在一起，需要留一點「黏貼邊」，而轉場效果就像是將前、後兩個影片片段黏起來一樣，套用效果的部分就像「黏貼邊」。
★ ☆ ☆	

轉場效果是合成後的結果

　　影片片段因為修剪後而隱藏的部分稱為預備影格。轉場效果就是讓這個預備影格與畫面上的影片合成在一起的「特殊效果」。

　　未經修剪的影片片段沒有可用於合成的影片，所以會讓末端影格與開頭影格重複，作為預備影格使用，代替修剪過的影片片段。

POINT

影片片段若沒有預備影格，或是雖然有預備影格，但影格數比轉場效果的持續時間還短，就會顯示「Insufficient Media」（預備媒體不足）的訊息。

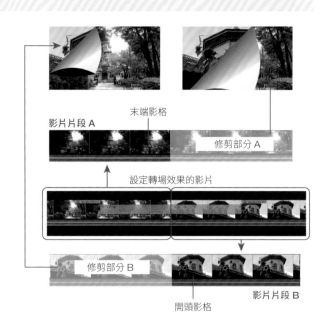

影片片段 A　　末端影格　　修剪部分 A

設定轉場效果的影片

修剪部分 B　　開頭影格　　影片片段 B

TIPS　**若只有一邊經過修剪**

兩個影片片段中，若只有一邊經過修剪時，轉場效果的設定符號只會在未經修剪的影片片段上顯示。

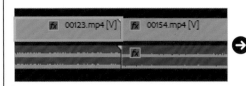　➡　

3-4
未修剪過影片的情況

使用頻率	在未經修剪的影片上套用轉場效果時，有些需要注意的地方。套
★ ☆ ☆	用轉場效果的影片以及未套用轉場效果的影片其效果是不同的。

未經修剪的影片

要分辨影片是否經過修剪可確認影片的兩端，若兩端都有白色三角形，代表影片未經過修剪。

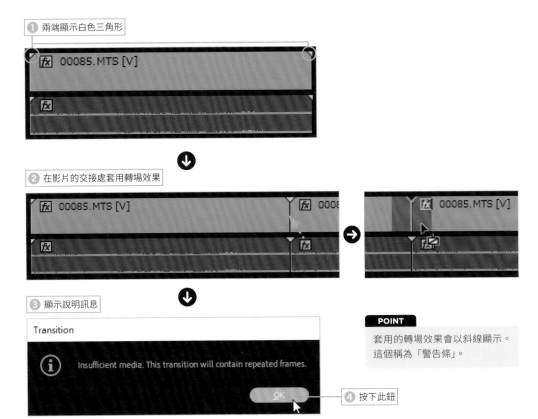

1 兩端顯示白色三角形

2 在影片的交接處套用轉場效果

3 顯示說明訊息

Transition

(i) Insufficient media. This transition will contain repeated frames.

OK

4 按下此鈕

POINT

套用的轉場效果會以斜線顯示。
這個稱為「警告條」。

5 套用轉場效果了

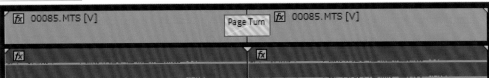

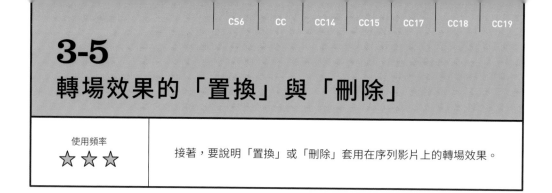

3-5
轉場效果的「置換」與「刪除」

使用頻率

★ ★ ★

接著，要說明「置換」或「刪除」套用在序列影片上的轉場效果。

變更轉場效果

要將套用的轉場效果置換成其它效果時，可直接將新的轉場效果拖曳到現有的轉場效果上。

❶ 將新的轉場效果拖曳到已套用轉場效果的影片

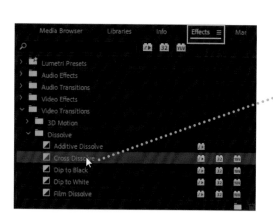

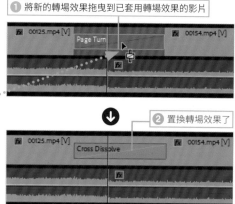

❷ 置換轉場效果了

刪除轉場效果

要刪除轉場效果，可在轉場效果上按下滑鼠右鍵，從選單裡點選。

❶ 在轉場效果上按右鍵

❷ 點選 Clear

❸ 刪除轉場效果了

POINT

以滑鼠左鍵點選轉場效果後，按下 Delete 鍵也可以刪除。

3-6
變更轉場效果的持續時間

| 使用頻率 ★ ★ ☆ | 在轉場效果上按兩下，會開啟 Set Transition Duration (設定轉場持續時間) 交談窗，從中可設定持續時間。 |

雙按轉場效果做修改

轉場效果的持續時間預設為「1秒」。預設值可開啟 Preferences 交談窗的 Timeline 頁次，在 Video Transition Default Duration 欄中做設定。

若只想變更編輯中的轉場效果持續時間，可雙按轉場效果或是從 Effect Controls (效果控制) 面板的 Duration (持續時間) 欄中做變更。

1 在此雙按

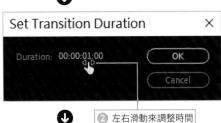

當滑鼠移到轉場效果上，會顯示套用的轉場效果、開始／結束時間及持續時間

POINT

向左滑動 (拖曳)，數值 (持續時間) 會縮小，向右滑動，數值會變大。

2 左右滑動來調整時間

POINT

若要拉長轉場效果的持續時間，影片的其中一方一定要有預備影格。

3 調整為理想的時間

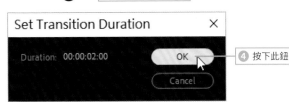

POINT

也可以在時間附近按一下滑鼠左鍵，利用輸入數值的方式來調整。

4 按下此鈕

3-7
其它設定轉場持續時間的方法

| 使用頻率 ★★☆ | Premiere 有很多調整轉場效果持續時間的方法,您可以選用自己熟悉的方法來做調整。 |

以拖曳的方式變更長度

將滑鼠游標移到轉場效果的邊緣並拖曳,就能變更持續時間的長度。

❶ 將滑鼠游標移到轉場效果邊緣

❷ 拖曳,即可調整持續時間

在「Effect Controls」面板調整

在 Effect Controls 面板中,也能調整轉場效果的持續時間。

❶ 左右移動滑鼠游標調整數值

❷ 也可以拖曳轉場效果的兩端,調整持續時間

| TIPS | Effects 的處理方法 |

Effects 面板的搜尋欄右側有三個圖示,可用來選擇效果的處理方法。這 3 個圖示的作用如下:

Accelerated Effects

YUV Effects

32-bit Color

Accelerated Effects(加速效果)
顯示卡的 GPU 支援 CUDA 加速時,可使用高速運算處理。

32-bit Color(32 位元顏色)
執行 32 位元/色版(bpc)像素的運算。執行之後,可呈現比標準 8bpc 像素的效果更高的色彩解析度與平滑的漸層色。

YUV Effects(YUV 效果)
以 YUV 模式(亮度與亮度的色差訊號)取代 RGB 模式執行效果處理。比 RGB 的效率更好。

點選圖示即可顯示只支援該圖示功能的效果,這三個圖示可說是一種篩選器的功能。

❶ 點選圖示

❷ 顯示支援的效果

3-8
「Effect Controls」面板

使用頻率

☆ ☆ ☆

Effect Controls(效果控制)面板除了可設定轉場效果,還可自訂影片效果。底下將說明這個面板的各項功能。

開啟「Effect Controls」面板

點選要自訂轉場效果或已套用效果的影片後,點選 Effect Controls 頁次來展開面板。

❶ 點選套用在影片上的轉場效果

> **POINT**
>
> 若先開啟 Effect Controls 面板,再點選轉場效果或套用了效果的影片,該面板就會顯示套用的效果。

❷ 點選 Effect Controls 頁次

「Effect Controls」面板的結構

Effect Controls 面板可自由設定套用在影片上的轉場效果。點選時間軸裡的轉場效果,就能開啟 Effect Controls 面板。

Play the transition(播放轉場)
能在底下的預覽畫面確認轉場效果

方向選擇器
點選四個角落與上下左右的三角形,可變更轉場效果的方向

效果預覽
顯示軌道的影格狀態

影格預覽畫面
顯示轉場效果的開始、結束影格影像

開始／結束影格滑桿
拖曳滑桿可變更轉場效果的開始位置與結束位置

選項
可設定效果的選項。此外,每種轉場效果都有不同的選項

前方影片
位於轉場效果前的影片

套用的轉場效果
顯示套用的轉場效果

播放磁頭
代表目前的播放位置

後方影片
位在轉場效果後面的影片

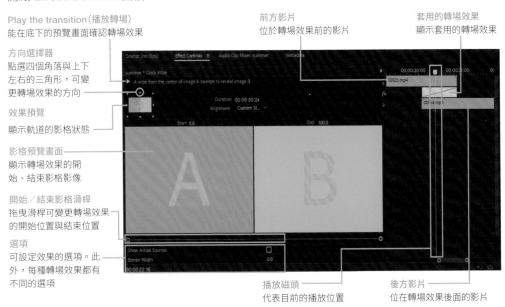

3-9
讓「Effect Controls」面板操作更順暢

使用頻率 ★ ★ ☆	Effect Controls 面板可調整成方便使用者操作的配置。例如顯示 實際的來源影像，或是調整「設定」面板與「時間軸」的寬度。

變更顯示大小

　　Effect Controls 面板是由「設定」面板與利用關鍵影格設定動畫的「時間軸」面板組成，這兩個區塊可隨作業需要調整寬度。

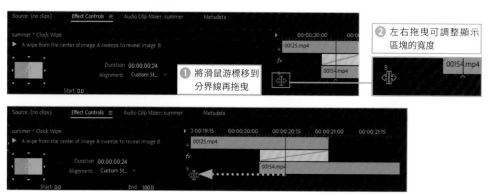

❶ 將滑鼠游標移到分界線再拖曳

❷ 左右拖曳可調整顯示區塊的寬度

顯示實際來源

　　在影格預覽畫面裡，套用轉場效果的前方影片稱為「A」，後方影片稱為「B」，如果勾選 Show Actual Sources (顯示實際來源) 項目，即可顯示套用轉場效果的起始影格與效果狀態。

❷ 顯示影格影像

❶ 勾選此項

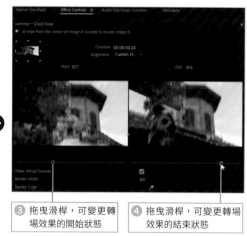

❸ 拖曳滑桿，可變更轉場效果的開始狀態

❹ 拖曳滑桿，可變更轉場效果的結束狀態

3-10
設定轉場效果的邊框寬度與顏色

使用頻率	當套用的轉場效果不明顯時，可自訂邊框來突顯效果。例如：可自訂邊框的寬度與顏色。
★★☆	

變更邊框的寬度與顏色

假如套用轉場效果的前後影片其場景非常相似，某些轉場效果就會不太明顯，此時不妨替效果的邊框設定顏色，讓效果更加明顯。在此以套用「時鐘式擦除」這個轉場效果為例。

變更前

變更後

❶ 選取套用的轉場效果，開啟 Effect Controls 面板

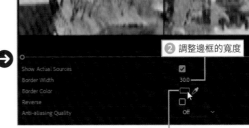

❷ 調整邊框的寬度

❸ 點選顏色方塊

❹ 選擇顏色

❺ 按下此鈕

❻ 設定好顏色了

POINT

並非所有的轉場效果都有相同選項，有些轉場效果沒有 Border Width（邊框寬度）與 Border Color（邊框顏色）選項。

3-11
調整影片的背景色

使用頻率

★ ★ ☆

有些轉場效果會旋轉影片，同時連帶顯示背景，此時可變更背景的顏色。

變更背景顏色

有些轉場效果會旋轉影片，連帶顯示專案的背景色。預設的背景色為灰色，你可以自由調整成與影片搭配的顏色。

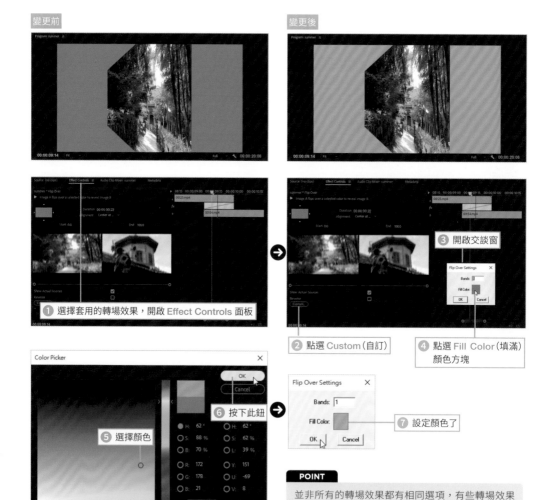

變更前

變更後

❶ 選擇套用的轉場效果，開啟 Effect Controls 面板

❷ 點選 Custom（自訂）

❸ 開啟交談窗

❹ 點選 Fill Color（填滿）顏色方塊

❺ 選擇顏色

❻ 按下此鈕

❼ 設定顏色了

POINT

並非所有的轉場效果都有相同選項，有些轉場效果點選 Custom（自訂）項目後，會出現其他選項。

3-12
設定「淡出」效果

使用頻率	轉場效果不只是在影片切換時使用，也可以用在讓影像慢慢消失
★ ★ ☆	的結束效果，這種效果就稱為「淡出」。

以黑色背景淡出

在影片的結尾處套用 Video Transitions 的 Dissolve（溶解），就能製作影像慢慢消失在黑色背景的「淡出」效果。

 »  »

❶ 點選 Effects（效果）頁次

❸ 拖放到影片的末端

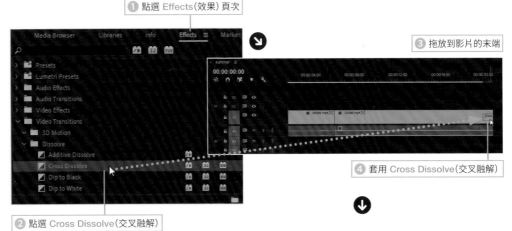

❷ 點選 Cross Dissolve（交叉融解）

❹ 套用 Cross Dissolve（交叉融解）

❺ 視情況調整持續時間

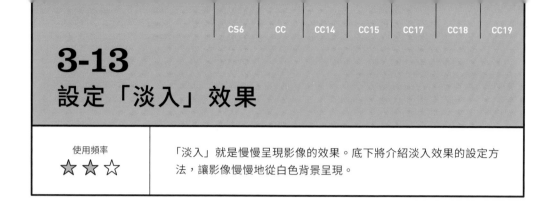

3-13
設定「淡入」效果

| 使用頻率 ★★☆ | 「淡入」就是慢慢呈現影像的效果。底下將介紹淡入效果的設定方法，讓影像慢慢地從白色背景呈現。 |

從白色背景淡入（使用「Color Matte」）

我們來試試從白色背景慢慢淡入的效果。當然也可以使用「White Out」效果，但是這種方法是從黑色背景變白開始，算不上是滑順的效果，所以需要稍微改良一下。在此使用的是 Color Matte 與 Cross Dissolve（交叉溶解）這兩項功能。

 >>  >>

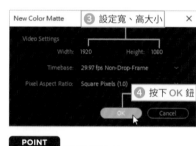

POINT

此交談窗的設定內容與序列的設定相同。若沒有特別需求，直接按下 OK 鈕。

⑩ 將顏色遮罩配置在視頻軌道的開頭

TIPS 在影片前方插入

軌道中若是已經配置影片，可利用 2-25 頁介紹的方法在目標位置插入顏色遮罩。

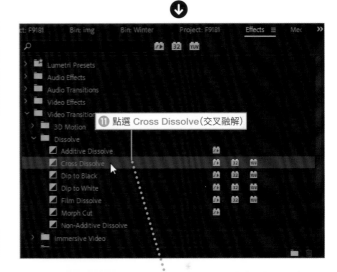

⑪ 點選 Cross Dissolve（交叉融解）

POINT

預設的持續時間為 5 秒，請將持續時間修剪成適當的長度。

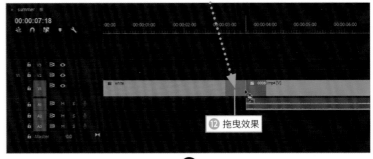

⑫ 拖曳效果

POINT

轉場效果雖然只能套用在影片上，但同時套用在顏色遮罩與影片也沒有關係。

⑬ 套用轉場效果了

3-14
Effects（特效）

使用頻率	Premiere Pro 的 Effects（特效）功能很強大，而且有許多設定都已
★ ★ ☆	內建為 Presets（預設集），只要在特效上雙按或拖曳，就能套用到
	影片上。

關於 Effects

Effects 可替視訊或音訊設定特殊效果，可說是一種「濾鏡」。Effects 面板中內建了視訊與音訊專用的特效，可視情況隨時使用。

此外，在時間軸配置影片後，影片預設會套用下列三種特效，這些特效就稱為「預設效果」。

1. Motion
2. Opacity
3. Time Remapping

這些特效是在 Sequence（序列）配置影片時，預設套用的效果，展開 Effect Controls 面板就能查看這三個特效。至於 Motion 特效將會在第 5 章做介紹。此外，音訊預設會套用 Volume 調整音量的效果。

▶ 從「Effects」面板選擇特效

除了預設的特效外，Effects 面板內建了 Video Effects 及 Audio Effects 這兩個資料夾，可從中選擇需要的特效。

TIPS	有關「Time Remapping」

Time Remapping（時間重新分配）效果是在局部視訊套用「快轉」或「慢動作」這類特效，讓動作變得更有張力的功能。例如可營造路面電車以更快或更慢的速度奔馳的效果。

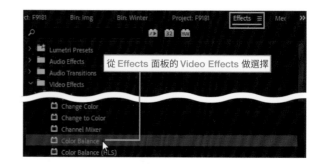

3-15
「Effect Controls」面板

使用頻率	了解 Effects 的作用後，接著要介紹可自訂特效的 Effect Controls 面板。
★ ★ ★	

認識「Effect Controls」面板的各部功能

Effect Controls 面板可進行各項特效設定，與 Timelines 面板一樣，都有時間軸、時間指示器與縮放控制列。

▶ Video Effects 選項與參數

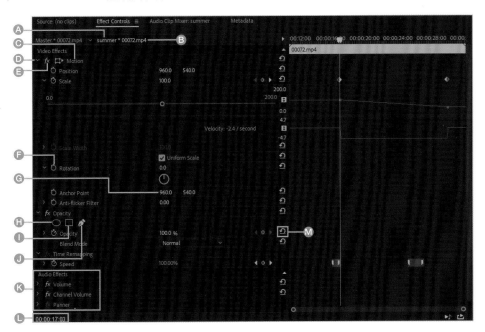

Ⓐ 序列名稱
點選影片後，會顯示序列名稱

Ⓑ 影片名稱
顯示選取的影片名稱

Ⓒ 特效名稱
要刪除套用在影片上的特效，可在特效名稱上按滑鼠右鍵，點選 Clear

Ⓓ 展開／收合特效設定
按一下此鈕，可展開或收合特效的設定內容

Ⓔ 開啟／關閉特效
切換是否啟用或關閉特效

Ⓕ 切換動畫的按鈕
切換是否啟用關鍵影格

Ⓖ 設定特效的值
特效屬性設定。按一下，可修改數值調整效果

Ⓗ 建立橢圓形遮罩
建立橢圓形的遮罩區域

Ⓘ 建立矩形遮罩
設定矩形的遮罩區域

Ⓙ 建立貝茲曲線遮罩
自訂不規則形狀遮罩範圍

Ⓚ 音訊特效
音訊特效的相關設定

Ⓛ 現在的時間碼
以時間碼代表目前的編輯位置

Ⓜ 重設參數
將參數還原為預設值

上一頁我們認識了 Effect Controls 面板左半部的各項功
能，接著要帶您認識右半部時間軸及關鍵影格的功能。

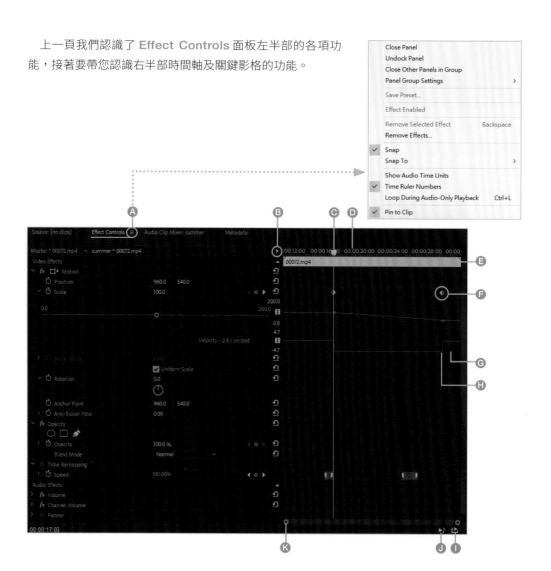

A 面板選單鈕
進行 Effect Controls
面板的相關設定

B 切換時間軸的預覽狀態
切換是否顯示時間軸

C 播放磁頭
顯示目前的位置，拖曳播
放磁頭，可在 Program
面板中觀看效果

D 時間軸
顯示編輯中影片的時間
軸。可顯示的範圍與影
片的持續時間相同

E 目前選取的影片
套用特效的影片名稱

F 關鍵影格
參數有變動的位置。可在
關鍵影格調整特效參數

G 關鍵影格區域
確認關鍵影格的設定狀況

H 關鍵影格控制列
拖曳線條可調整關鍵影格

I 切換音訊循環播放的按鈕
啟用／停用音訊的循環
播放效果

J 播放影片的聲音
只播放影片聲音的按鈕

K 縮放控制列
放大 / 縮小關鍵影格的
顯示區域

3-16
設定「特效」與執行 Render

使用頻率

★ ★ ☆

要為序列裡的影片設定特效，可從 Effects 面板的 Video Effects 或 Audio Effects 選擇想套用的特效。此外，也可以進一步確認套用後的特效如何！

替影片套用預設特效

Premiere Pro 內建多種特效，請從 Effects 面板點選任一個特效，套用到影片上。在此以套用 Generate 類別下的 Lens Flare 效果為例。

設定前

設定後

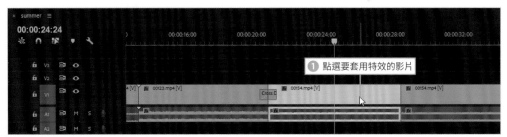

❶ 點選要套用特效的影片

⬇

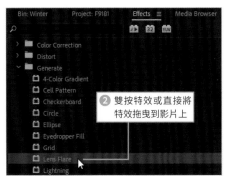

❷ 雙按特效或直接將特效拖曳到影片上

➡

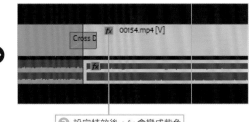

❸ 設定特效後，fx 會變成紫色

④ 套用特效了

POINT

套用特效時，請務必先點選要套用的影片再
雙按特效，若是在選取其他影片的狀態下雙
按特效，就會套用至該影片。

POINT

特效可從 Effects 面板直接拖曳到影片上套
用。Effects 面板的 Presets 特效無法雙按套
用，必須直接拖曳到序列中的影片才能套用。

TIPS 搜尋「特效」

使用 Effects 面板的「搜尋」方塊可輕鬆找到需
的效果。只要在方塊中輸入效果名稱，就能顯示相
關的特效名稱。

❶ 輸入關鍵字
❷ 顯示特效清單

將特效進行「Render」

套用特效後，Render 列（在時間軸的尺標下）有時會
變成紅色，代表要流暢地播放影片需要先進行 Render。
要進行 Render 時，可從 Sequence 功能表點選 Render
Effects In to Out 命令，就會開始針對特效執行 Render。
也可以點選序列中的影片再按下 Enter 鍵執行 Render。
如此一來就能順暢地播放影片，確認設定的效果。

POINT

Render 沒有正式的官方中文翻譯，
有人翻成「渲染」、「算圖」、「生
成」，但從字面上不易了解。其實，
「Render」就是透過電腦運算，將影
像、聲音、特效、文字、……等資
料整合成單一視訊的意思。

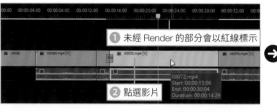
❶ 未經 Render 的部分會以紅線標示
❷ 點選影片

❸ 點選此命令（也可以
直接按下 Enter 鍵）

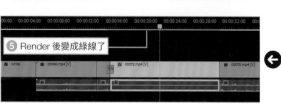
❺ Render 後變成綠線了

④ 執行 Render

TIPS　**Render 列的顏色**

以下是 Render 列不同顏色標示所代表的意義。

紅色

這個範圍表示尚未執行 Render。想要以順暢的影格速率即時播放視訊，就必須執行 Render。

黃色

這個範圍尚未執行 Render，卻能以順暢的影格速率即時播放視訊。

綠色

已完成 Render。

TIPS　**指定 Render 的範圍**

如果想針對序列的特定範圍執行 Render，可利用「入點」與「出點」指定範圍。序列的「入點」與「出點」可利用快速鍵設定（ I 、 O 鍵）。設定範圍後，可從 Sequence 功能表執行 Render 或是按下 Enter 鍵執行。

此外，點選序列中的影片，再從 Sequence 功能表點選 Render Selection，也可以只 Render 包含該影片的範圍。

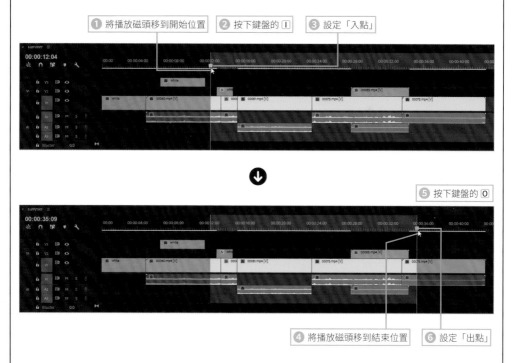

① 將播放磁頭移到開始位置　② 按下鍵盤的 I 　③ 設定「入點」

⑤ 按下鍵盤的 O

④ 將播放磁頭移到結束位置　⑥ 設定「出點」

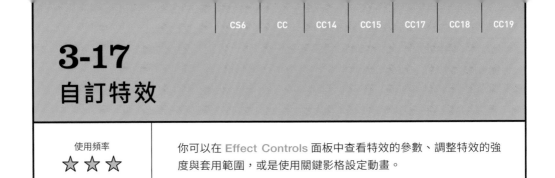

3-17
自訂特效

使用頻率
★ ★ ☆

你可以在 Effect Controls 面板中查看特效的參數、調整特效的強度與套用範圍，或是使用關鍵影格設定動畫。

透過「Effect Controls」面板自訂特效

Effect Controls 面板可自訂套用在影片上的效果。例如，上個單元我們套用了 Lens Flare 特效，就可在此面板中調整「鏡頭光暈」的位置。

1 開啟「Effect Controls」面板

開啟 Effect Controls 面板後，會顯示套用的特效與特效的參數。Effect Controls 面板的內容，會依所選的特效而有所不同。

自訂特效前

自訂特效後

> **POINT**
>
> 若未顯示特效的參數，可點選特效名稱開頭的＞。

❶ 點選套用特效的影片

❷ 點選此頁次

❸ 新增或顯示特效與參數

> **POINT**
>
> 有些特效沒有可設定的參數。

② 調整參數

可利用移動滑鼠來調整參數值或是直接從鍵盤輸入數值。此範例，調整的是 Flare Center（光暈中心）的參數。

④ 移動滑鼠調整數值　　　　調整光暈的水平位置　　　　　　　　　　　　　　　　調整光暈的垂直位置

⑤ 變更鏡頭光暈的位置

TIPS　**以滑桿調整**

點選各參數開頭的＞後，有的參數會顯示滑桿，拖曳滑桿可調整參數值。此外，若想變更顏色可點選色彩方塊，開啟 **Color Picker**（檢色器）。

左右拖曳滑桿可調整設定值

拖曳圓圈內部的指標可調整設定值

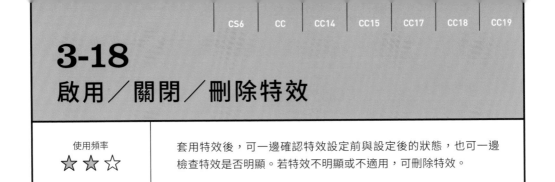

3-18
啟用／關閉／刪除特效

使用頻率 ★ ★ ☆	套用特效後,可一邊確認特效設定前與設定後的狀態,也可一邊檢查特效是否明顯。若特效不明顯或不適用,可刪除特效。

啟用與關閉特效

　　套用在影片上的特效可透過 Effect Controls 面板,一邊切換 ON／OFF 的狀態,一邊確認效果。點選 Effect Controls 面板中特效名稱旁的 **fx** 鈕可切換效果的 ON／OFF 狀態。關閉後,再點選一次即可開啟。

刪除效果

若想刪除影片的特效，可從 Effect Controls 面板刪除。也可以點選特效名稱再按下 `Delete` 鍵刪除。

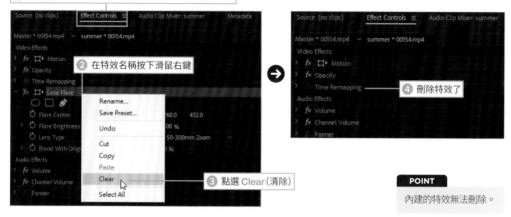

1 點選套用特效的影片，再點選 Effect Controls 頁次

2 在特效名稱按下滑鼠右鍵

3 點選 Clear（清除）

4 刪除特效了

POINT

內建的特效無法刪除。

TIPS 使用「刪除屬性」功能

要刪除特效，也可在套用特效的影片上按滑鼠右鍵，從選單中點選 **Remove Attributes**（刪除屬性），就能刪除效果。

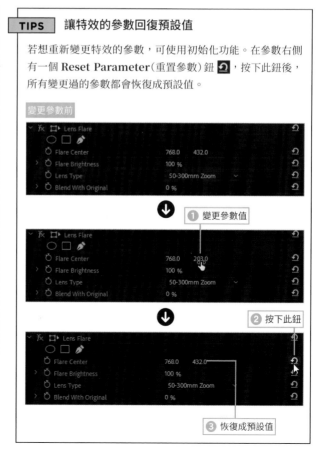

TIPS 讓特效的參數回復預設值

若想重新變更特效的參數，可使用初始化功能。在參數右側有一個 **Reset Parameter**（重置參數）鈕，按下此鈕後，所有變更過的參數都會恢復成預設值。

變更參數前

1 變更參數值

2 按下此鈕

3 恢復成預設值

3-19
設定多個特效

使用頻率 ★ ★ ☆	一段影片可套用多個特效，而且調整特效的順序，也會改變畫面上呈現的效果。

在影片上套用多個特效

一段影片可套用多個特效，套用多個特效後，會以「由上往下」的順序來套用。所以調整特效的順序，可變更呈現的結果。要調整特效的順序，可拖曳特效名稱來調整。

套用 Len Flare（鏡頭光暈）特效

再套用 Emboss（浮雕）特效

調整特效的順序

① 設定第一個特效

在影片中套用 Len Flare（鏡頭光暈）特效。

❶ 套用特效（鏡頭光暈）

② 套用第二個特效

接著，在套用 Len Flare（鏡頭光暈）特效的影片，套用另一個特效。例如：套用 Emboss（浮雕）特效。

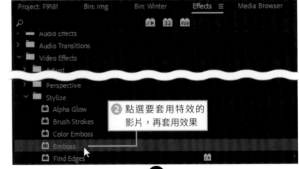

❷ 點選要套用特效的影片，再套用效果

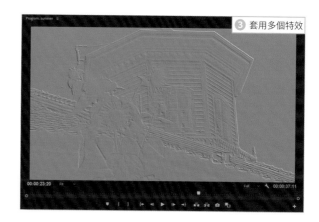

③ 套用多個特效

---

③ 確認特效的順序

開啟 Effect Controls 面板，確認
剛剛套用特效的順序。此範例想將
Emboss（浮雕）的套用效果設定在
Lens Flare（鏡頭光暈）底下。
此時，若是將浮雕效果放在鏡頭光暈
上面，就無法看到鏡頭光暈的效果，
也無法顯示鏡頭光暈的選項。

④ 新增「浮雕」效果

---

④ 調整順序

拖曳 Emboss 特效名稱到 Lens
Flare 之上，鏡頭光暈的效果就會出
現了。

⑤ 拖曳滑鼠來調整順序

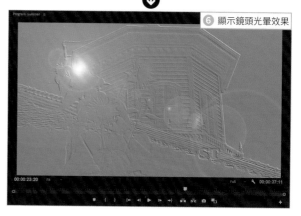

⑥ 顯示鏡頭光暈效果

3-20
使用特效的「遮色片」（Mask）

使用頻率 ★★☆	設定特效後，可進一步調整特效的影響範圍，此時派上用場的就是特效內建的遮色片 (Mask) 功能。

啟用「遮色片」

套用在影片上的特效，內建了設定效果範圍的遮色片。底下將示範在影片上套用 Lens Flare 與 Emboss 特效後，再設定浮雕特效的有效範圍。

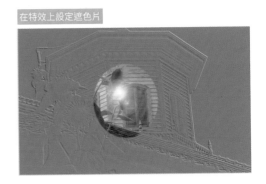

在特效上設定遮色片

1 套用多個特效

同時在影片上套用多個特效。

❶ 套用 Lens Flare 與 Emboss 特效

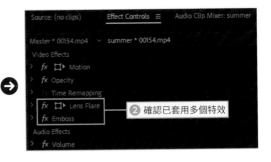

❷ 確認已套用多個特效

2 啟用「遮色片」

在 Effect Controls 面板展開特效的參數後，在特效名稱下方有兩個建立遮色片的按鈕，請點選 Create ellipse mask（建立橢圓形遮色片）。

❸ 從建立遮色片的按鈕中，選擇要建立的遮色片形狀

③ 套用遮色片

剛才點選的遮色片已套用到影片上。

④ 在影片上套用橢圓形遮色片

反轉「遮色片」

接著，要反轉遮色片的套用範圍。此時會看到 Effect Controls 面板新增了 Mask(1) 選項，請勾選其中的 Inverted (反轉) 項目。

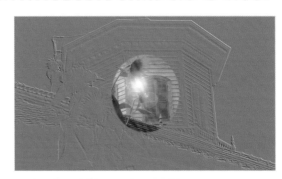

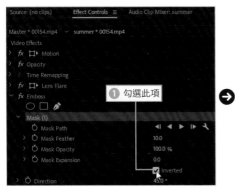

① 勾選此項

➡

② 反轉成浮雕效果

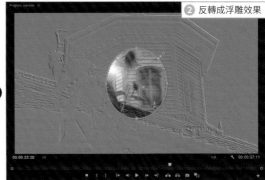

調整遮色片的範圍

套用在影片上的遮色片，會在 Program 面板中顯示範圍線、控點以及控制桿。利用控點及控制桿可調整遮色片的範圍。

① 拖曳左側的控點

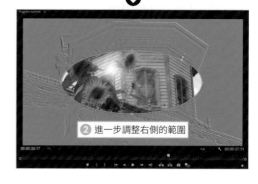
② 進一步調整右側的範圍

調整遮色片的邊緣

遮色片的邊緣可設定模糊效果，讓邊界變得柔和。

調整遮色片的邊緣

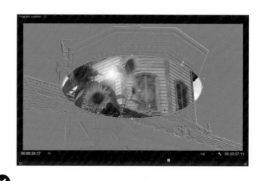

① 調整 Mask Feather(遮色片羽化) 的值

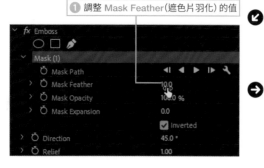

② 遮色片邊緣變得比較柔和

3-21
利用特效保留特定顏色

使用頻率	有些特效可保留影像裡的特定顏色，並將其它顏色轉成黑白。例
★ ★ ☆	如此範例要使用 Leave Color 特效保留影像的部分顏色。

使用「Leave Color」

Premiere Pro 內建了保留影像局部色彩，並讓其他色彩變成黑白的特效。這在以前是很麻煩的作業，現在有了內建的特效後，就可以輕鬆達成。

設定前

設定後

1 確認顏色

點選影片後，確認要保留哪個顏色。此範例希望保留彩繪玻璃的黃色。

2 套用效果

開啟 Effects 面板，點選 Video Effects → Color Correction → Leave Color，套用到影片上。剛剛套用的效果會新增至 Effect Controls 面板，之後可修改相關的參數。

❶ 確認與點選影片

❷ 雙按 Leave Color

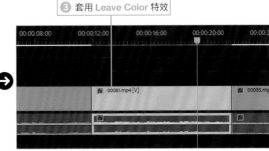

❸ 套用 Leave Color 特效

3 新增特效

Effect Controls 面板新增了剛剛選取的 Leave Color 特效，也顯示了相關選項。

④ 新增 Leave Color 特效

4 點選滴管

點選 Leave Color 特效選項裡的 Color To Leave 滴管。

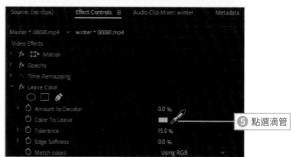

⑤ 點選滴管

5 點選要保留的顏色

用滴管點選影格中要保留的顏色。

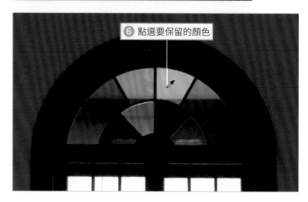

⑥ 點選要保留的顏色

6 放大「Amount to Decolor」的數值

此時，會發現在步驟⑤點選的顏色出現在顏色方塊裡。接下來要調整 Amount to Decolor 的值。Amount to Decolor 的值調大後，其他顏色就會變成黑白。在此請設為 100.0%。

⑦ 調整 Amount to Decolor 的值

⑧ 只保留剛剛選取的顏色

POINT

可視情況調整 Tolerance 值，變更保留色的範圍。

3-22
套用「黑白」特效

使用頻率	有時我們需要將影像轉換成黑白，此時套用「Black & White」特效，就能輕鬆將影片轉換成黑白。
★ ★ ☆	

將彩色影像轉成黑白

想呈現復古感或是減少色彩干擾，可以將彩色影像轉成單色，這時套用 Video Effects → Image Control → Black & White 特效，就可以快速做轉換。

套用前

套用後

❶ 點選 Video Effects → Image Control → Black & White

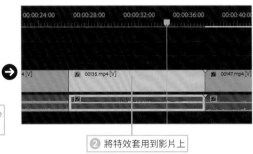

❷ 將特效套用到影片上

TIPS 使用「Color Balance(HLS)」效果

除了直接轉換為黑白色彩外，若想進一步調整亮度，可套用 **Color Correction** 的 ColorBalance(HLS)(色彩平衡)特效。先將 **Saturation**(飽和度)降低 (-100)，讓影像轉換成黑白，再利用 **Lightness**(亮度)調整明亮。

3-23
「貼上」與「刪除」套用在影片的屬性

使用頻率	套用在影片上的特效，可將相同設定套用到其他影片，這個功能
★ ★ ☆	稱為「貼上屬性」。此外，也可以只刪除套用在影片的屬性。

貼上屬性

　在此我們要將多個套用在影片上的特效，套用到其他影片！請先複製影片，再將複製的影片屬性貼到其他影片。例如要將套用在影片上的「鏡頭光暈」與「浮雕」套用至其他影片。

套用兩個特效的影片　　　　貼上屬性前　　　　貼上屬性後

❶ 在套用特效的影片上按滑鼠右鍵

❷ 點選 Copy（複製）

❸ 在要套用特效的影片
上按滑鼠右鍵

❹ 點選 Paste Attributes
（貼上屬性）

❺ 勾選要套用的屬性

❻ 按下 OK 鈕完成設定

只刪除屬性

在影片上套用特效後，若只想刪除該特效，可點選 Remove Attributes（刪除屬性）。

POINT

也可以參照 3-18 單元的說明，刪除影片的特效。

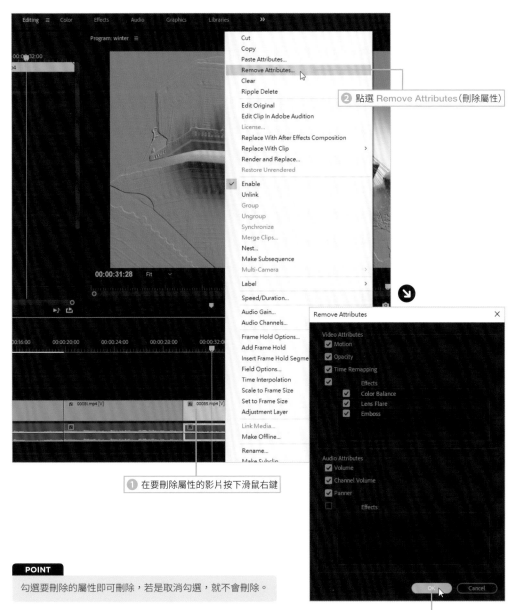

② 點選 Remove Attributes（刪除屬性）

① 在要刪除屬性的影片按下滑鼠右鍵

③ 按下 OK 鈕完成設定

POINT

勾選要刪除的屬性即可刪除，若是取消勾選，就不會刪除。

3-24
利用「調整圖層」設定特效

使用頻率

★ ☆ ☆

在 Premiere Pro 使用特效時，通常都是直接套用在影片上。若是使用「調整圖層」，就不會直接套用在影片上，保留之後再度修改的彈性。

使用「調整圖層」

調整圖層會將特效套用在序列的圖層，而非直接將特效套用在影片上，如此一來，就能避免影像被修改。其基本的操作方式與 Photoshop 的調整圖層相同。

❷ 點選 Adjustment Layer（調整圖層）

❶ 按下 Project 面板中的 New Item 鈕

❸ 直接按下 OK 鈕

❹ 新增調整圖層

❺ 配置調整圖層（將調整圖層拖曳到序列上）

⑥ 拖曳調整圖層右側邊界，變更持續時間

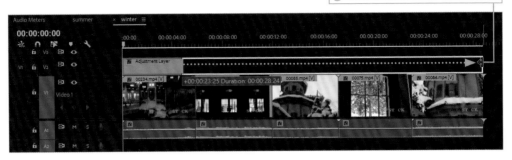

⬇

⑦ 選擇特效，在此以套用 Black & White 為例

⑧ 拖曳特效，套用到調整圖層上

⬇

⑨ 套用特效了

TIPS **利用「調整圖層」活用特效**

變更調整圖層的持續時間，可讓其他影片也套用相同的特效。此外，套用了其他特效的調整圖層，還可輕鬆交換特效。

3-25
利用 Photoshop CC 製作 Premiere Pro 用的檔案

使用頻率
★ ☆ ☆

利用 Photoshop CC 製作在 Premiere Pro CC 使用的檔案是常有的事，此時可利用 Photoshop CC 的視訊專用預設集來製作。

在 Photoshop CC 製作「遮色片」

首先，要在「Photoshop CC 2019」(以下簡稱「Photoshop CC」)製作遮色片資料。請先啟動 Photoshop CC，再執行檔案功能表的開新檔案，開啟新增文件交談窗後，點選右上方的影片和視訊。我們要在此製作支援 AVCHD 的新文件。

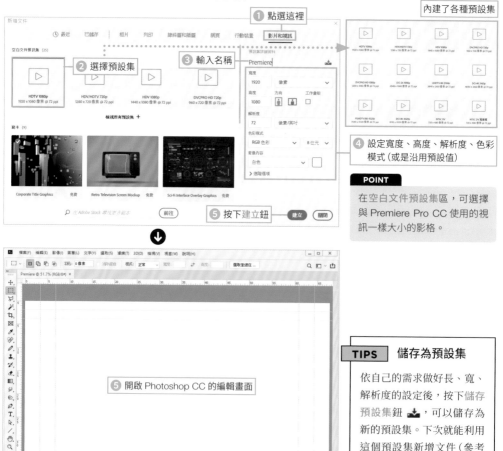

POINT

在空白文件預設集區，可選擇與 Premiere Pro CC 使用的視訊一樣大小的影格。

TIPS 儲存為預設集

依自己的需求做好長、寬、解析度的設定後，按下儲存預設集鈕 ，可以儲存為新的預設集。下次就能利用這個預設集新增文件(參考下一頁的說明)。

▶ **儲存為預設集**

若變更了影格的大小或解析度，不妨儲存為預設集，下次就能重複使用。

① 按下此鈕

② 確認已設定好各項設定值

④ 切換到已儲存頁次

⑤ 下次點選此預設集即可使用

③ 按下儲存預設集鈕

建立漸層

接著，我們要在 Photoshop 製作當成轉場或是特效用的漸層遮色片。請將製作好的漸層以 PSD 檔案格式儲存。

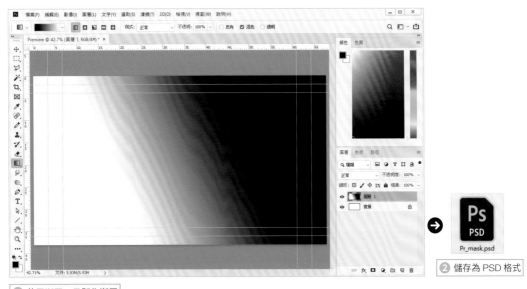

① 使用漸層工具製作漸層

② 儲存為 PSD 格式

Pr_mask.psd

3-26
利用 Photoshop 製作的檔案建立轉場效果

使用頻率

★ ☆ ☆

上個單元已經在 Photoshop 製作好供轉場效果使用的遮色片檔案，本單元就實際來試試！

指定為轉場效果

　　現在，我們就實際使用在 Photoshop 製作的漸層檔案。請切換到 Effects 面板，在影片與影片交界處，套用 Video Transitions → Wipe → Gradient Wipe 轉場效果。

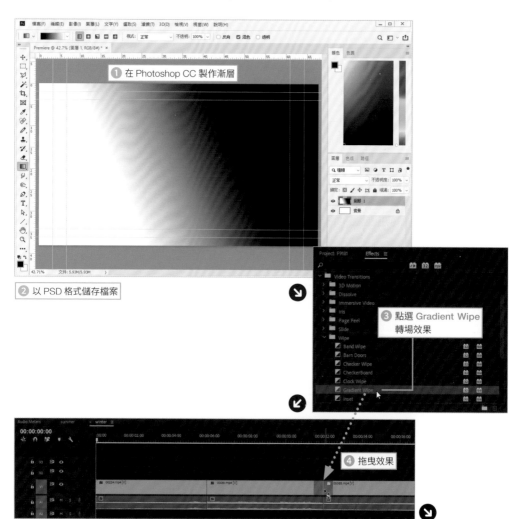

❶ 在 Photoshop CC 製作漸層

❷ 以 PSD 格式儲存檔案

❸ 點選 Gradient Wipe 轉場效果

❹ 拖曳效果

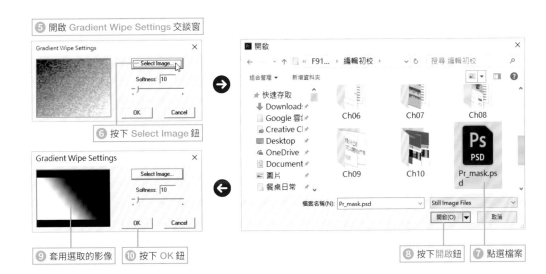

⑤ 開啟 Gradient Wipe Settings 交談窗

⑥ 按下 Select Image 鈕

⑨ 套用選取的影像

⑩ 按下 OK 鈕

⑧ 按下開啟鈕

⑦ 點選檔案

POINT

當作漸層使用的影像檔可以是 Photoshop 的 PSD 格式或是 BMP 與 PICT 格式。

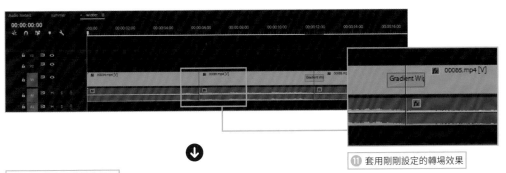

⑪ 套用剛剛設定的轉場效果

套用自訂的漸層轉場效果了

CHAPTER
4

用Premiere Pro
進行色彩校正

色彩校正有兩個主要目的：第一個是調整為正確的顏色，這也是色彩校正功能的基本目的，其中又以「白平衡調整」最具代表性。另一個目的是顏色加工，讓作品更符合想要的「顏色調整」。正確地調校顏色可稱為**色彩校正**；將色彩調整成符合期望的作品則稱為**調色**（color grading）。

4-1
「色彩校正」與「調色」的差異

使用頻率	影片剪輯的世界，對於顏色的調整分成色彩校正與調色兩種，兩者雖然都是調整顏色，但嚴格來說，仍有不同之處。
★ ★ ☆	

「色彩校正」與「調色」

編輯視訊常聽到的色彩校正與調色，都是指顏色調校的意思。雖然兩者常被認為是一樣的，但其實兩者有不同之處。

▶ 色彩校正

色彩校正基本上就是以「白平衡」功能讓白色變白，是讓顏色正確顯示的作業，也是基本的編輯作業，也有人稱為校色或校正色偏。

▶ 調色

調色包含色彩校正，以及將影像調整至想要的顏色的作業。換言之，透過色彩校正功能調出自己想要的色彩就像畫畫一樣，可說是進階的色彩校正作業。

校正前

色彩校正（白平衡調整）

調色（處理成特定的顏色）

▶ 該如何應用？

你可以參考底下的兩個準則來決定要採用「色彩校正」還是「調色」的方法。

- 以正確的色調呈現影像 ➡ 色彩校正
- 讓影像的色調如預期變化，提升作品的創作性 ➡ 調色

4-2
「Color」（顏色）面板

使用頻率	
☆ ☆ ☆	Color(顏色) 工作區面板是 Premiere Pro CC 用來校色的功能，本單元要介紹顯示 Color 面板的方法以及相關的細部操作。

顯示色彩校正的工作區

Premiere Pro CC 用來校正顏色的工作區就是 Color 面板。請依底下的說明，展開 Color 面板工作區。

❶ 點選 Color 面板

❷ 顯示色彩校正的工作區

TIPS 　從功能表切換「Color」面板

從 Window 功能表的 Workspaces 選擇 Color，也能開啟 Color 工作區。

Sequence	Markers	Graphics	View	Window	Help
	Workspaces		▶	所有面板	Alt+Shift+1
	Find Extensions on Exchange...			All Panels	Alt+Shift+2
	Extensions		▶	Assembly 點選此項	t+Shift+3
				Audio	Alt+Shift+4
	Maximize Frame	Shift+`		• Color	Alt+Shift+5
	Audio Clip Effect Editor			Editing	Alt+Shift+6

4-3
認識「Lumetri Color」面板

使用頻率	Lumetri Color 面板是執行色彩校正與調色的面板,可在此選用適當的工具完成顏色調校。
☆ ☆ ☆	

「Lumetri Color」面板的結構

Lumetri Color 面板是由下列 6 個色彩校正工具所組成。

Ⓐ Basic Correction(基本校正)
除了 White Balance(白平衡)工具,還提供亮度、對比這類基本校正工具

Ⓑ Creative(創意)
能將整段影片調整至喜歡的顏色,是調色專用的工具

Ⓒ Curves(曲線)
以 R、G、B 三色的曲線調整亮度或色階。也提供 Hue Saturation Curves(色相/飽和度)工具,可用來變更特定色相的飽和度

Ⓓ Color Wheels & Match(色相輪/色相環)
利用陰影、中間調、亮部這三個色相輪調整顏色

Ⓔ HSL Secondary(HSL 輔助)
不是針對所有影格,而是調校特定顏色的工具

Ⓕ Vignette(暈映)
調整影格邊緣的形狀與亮度

展開細部的工具面板

若是想使用 Basic Correction(基本校正)這類工具時,可點選工具名稱展開面板,面板中若還有細部選項,可點選▶展開選項,從中調整參數。若要收合面板,再次點選工具名稱即可。

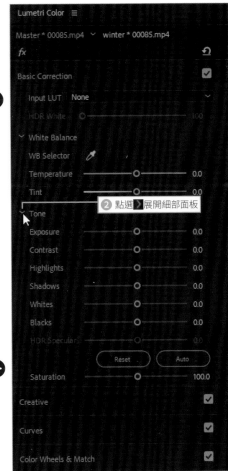

TIPS 「Video Effects」也有「Lumetri Color」特效

Effects 面板的 Video Effects（視訊特效）的 Color Correction（色彩校正）也有 Lumetri Color 特效。這項特效的架構與 Lumetri Color 面板相同，選項也一樣。

4-4
調整白平衡

使用頻率	雖然現在的攝影機都能自動調整顏色,但有時還是會因為光源的種類導致影片出現色偏問題。此時可使用 Basic Correction 的 White Balance 工具。
★ ★ ☆	

調整影片的白平衡

攝影時會因為不同光源而影響影片的色調,例如:在螢光燈、鎢絲燈、日光燈這些光源下會讓影片偏紅或偏藍,這就是所謂的「色偏」。使用 White Balance(白平衡)工具,即可將影片校正為正確的顏色。

接下來將說明 Lumetri Color 面板的 Basic Correction(基本校正)工具中的 White Balance(白平衡)該如何使用。

調整前

調整後

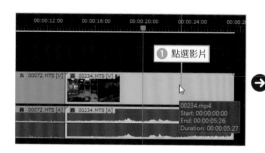

POINT

「白平衡」可將色偏影片中的白色調整為真正的白色,讓其他的顏色也得以正確呈現。

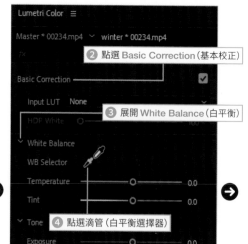

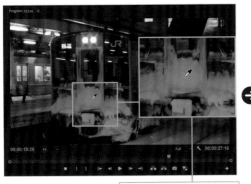

⑤ 點選要顯示為白色的部份

⑥ 套用校正的結果

使用「Temperature」與「Tint」選項

　　拖曳 Temperature（色溫）與 Tint（色調）的滑桿，也可以完成白平衡的校正。除了使用剛剛的白平衡選擇器外，也可以進一步利用這兩個滑桿微調色偏或是在影像中沒有白色部分時使用。

調整前

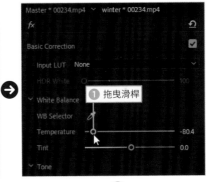

① 拖曳滑桿

② 調整色偏

POINT

利用 WB Selector（白平衡選擇器）調整白平衡，再用 Temperature（色溫）與 Tint（色調）微調，能更確實地調整顏色。

TIPS 也可以利用「Effect Controls」面板調整顏色

Effect Controls 面板也能利用 Lumetri Color 的選項來調整顏色。

❶ 點選 Effect Controls 頁次

❸ 勾選 Active

❷ 已經套用 Lumetri Color 特效

❺ 拖曳滑桿　❹ 展開 Temperature 選項

TIPS 利用「Fast Color Corrector」調整白平衡

Effects 面板的 Video Effects → Obsolete 裡，有一項 Fast Color Corrector 特效，這項特效也能調整白平衡。這個方法是舊版的功能，不論利用哪種功能調整，都能得到同樣的效果。

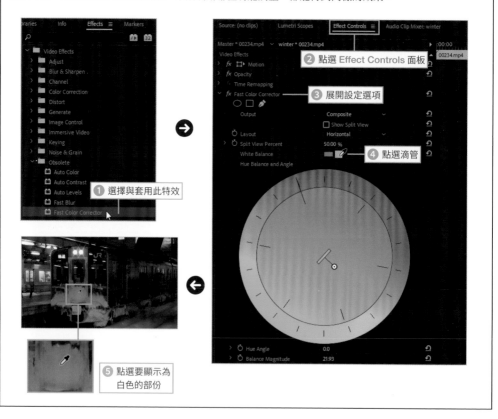

❷ 點選 Effect Controls 面板

❸ 展開設定選項

❹ 點選滴管

❶ 選擇與套用此特效

❺ 點選要顯示為白色的部份

4-5
啟用／關閉／刪除色彩校正

使用頻率	接著，要說明如何確認校正前、後的狀態，以及刪除校正效果的
★ ★ ☆	方法。此範例延用上個單元的白平衡調校結果。

啟用／關閉色彩校正

要確認色彩校正前、後的狀態，可勾選或取消各工具名稱右側的核取方塊。

啟用的狀態

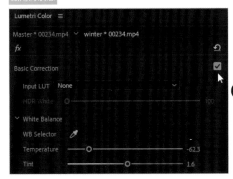

關閉的狀態

TIPS 在「Effect Controls」面板啟用／關閉

套用 **Lumetri Color** 特效後，**Effect Controls** 面板也會顯示相關的設定。此時點選特效名稱 **Lumetri Color** 前的 *fx* 鈕，也能確認套用效果前／後的狀態。

刪除校正的效果

若想刪除校正效果，可開啟 **Effect Controls** 面板，點選 **Lumetri Color** 再刪除。

刪除時，請先選擇效果，再按下 Delete 鍵或是按滑鼠右鍵，從選單點選 Clear（清除）。

TIPS 初始化設定

要讓選項回到初始化設定的方法有很多種，最直覺的就是點選 **Effect Controls** 面板的選單名稱右側的 **Reset Effect** 鈕。

4-6
建立與調整黑白影像

使用頻率 ★★☆	Premiere Pro 內建了各種建立黑白影像的方法，本單元將介紹使用 Basic Correction（基本校正）的 Tone（色調）。使用這個方法可快速建立黑白影像。

利用「飽和度」製作黑白影像

Basic Correction（基本校正）的 Tone（色調）選項，有調整 Saturation（飽和度）的滑桿，往左拖曳滑桿降低飽和度，可製作出黑白影像。

調整前

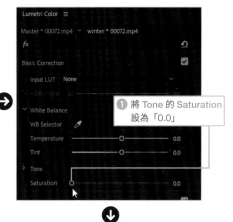

❶ 將 Tone 的 Saturation 設為「0.0」

POINT

將 Tone 的 Saturation 調高至 200.0，就會轉換成強調飽和度的影像。

❷ 調整成黑白影像

進一步調整黑白影像

Tone 功能底下還有 Contrast（對比）與 Highlights（高光）等選項，可利用這些選項進一步調整出符合預期的黑白影像。

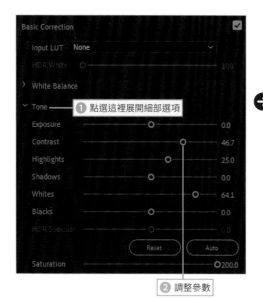

① 點選這裡展開細部選項

② 調整參數

③ 調整對比後，畫面變得比較鮮明

TIPS 回復預設值

若要將參數回復到預設設定，可按下 **Reset**（重置）鈕。
這個按鈕可初始化 **Exposure**、**Contrast**、…等設定，
無法初始化底下的 **Saturation**（飽和度）設定。

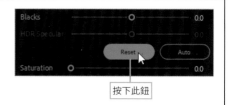

按下此鈕

TIPS 利用特效轉換黑白影像

選擇 **Effects** 面板的 **Lumetri Presets** → **Monochrome**（單色）後，有許多預設的特效，只要雙按特效縮圖即可套用。此外，點選 **Video Effects**（視訊特效）→ **Image Control**（影像控制）→ **Black & White**（黑白）也可以建立黑白影像。

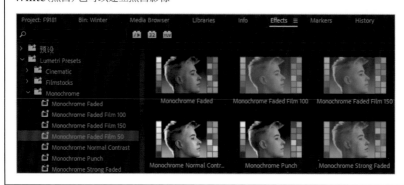

4-7
「Lumetri Scopes」面板

使用頻率 ★★☆	在 Color 工作區中，可切換到 Lumetri Scopes 面板。本單元要介紹各種向量示波器 (YUV) 的用法。

顯示「向量示波器 (YUV)」

Color 工作區中有一個 Lumetri Scopes 面板。這個面板中內建了「Vectorscope」、「Histogram」、「Parade」、「Waveform」這類色彩校正用的示波器，你可以一邊調整示波器一邊確認調整結果，或輸出符合播放規格的影像。

底下將示範可直接觀察結果的 Vectorscope(向量示波器)，調整視訊「色度」。

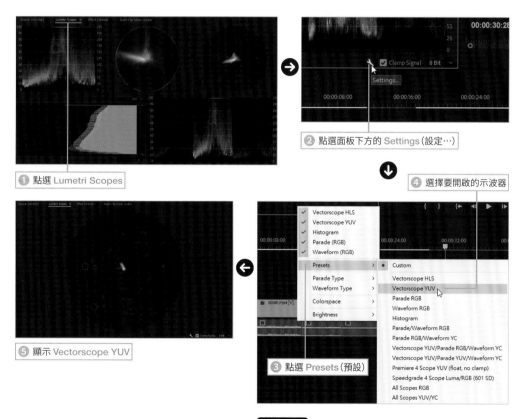

① 點選 Lumetri Scopes

② 點選面板下方的 Settings (設定…)

④ 選擇要開啟的示波器

⑤ 顯示 Vectorscope YUV

③ 點選 Presets (預設)

POINT

色度 (chrominance) 指的是色彩的純度，它是光的顏色減去亮度後的顏色，可量化色相與飽和度。

使用 Vectorscope

　　Vectorscope（向量示波器）是將影像的「色度」以圓形圖顯示的工具。在圖表中，由中央往外延伸的軌跡就是飽和度的值。飽和度 100% 的洋紅、藍色、綠色、黃色、紅色會顯示為小正方形（目標方塊）。

▶ 調整白平衡的狀況

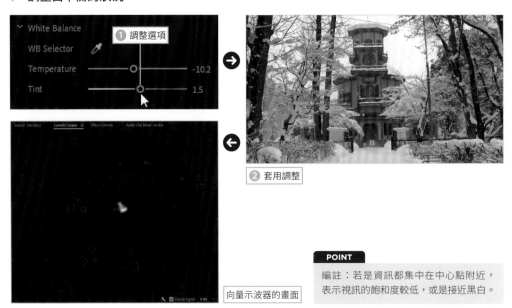

② 套用調整

向量示波器的畫面

POINT

編註：若是資訊都集中在中心點附近，
表示視訊的飽和度較低，或是接近黑白。

▶ 往 Red 方向移動的情形

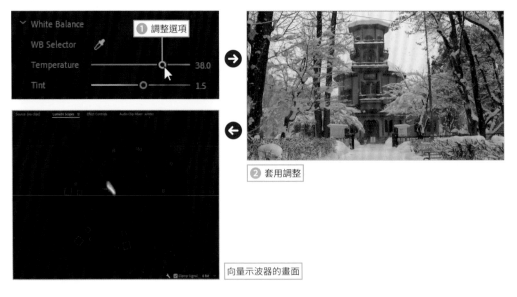

② 套用調整

向量示波器的畫面

▶ 往 Green 方向移動的情形

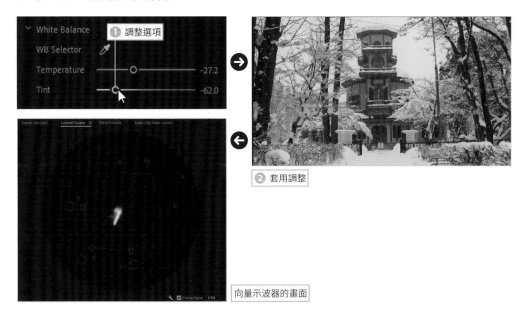

❶ 調整選項

❷ 套用調整

向量示波器的畫面

▶ 調整為黑白影像的情形

順帶一提，黑白影像沒有色彩資訊，所以會出現以下的結果。

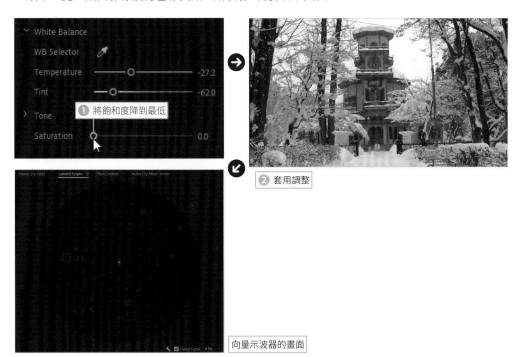

❶ 將飽和度降到最低

❷ 套用調整

向量示波器的畫面

4-8
利用「Creative」調校顏色

使用頻率	Lumetri Color 的 Creative 工具，顧名思義就是讓影像變得更藝術的調色工具。本單元將解說使用 Creative (創意) 工具的色彩校正方法。
★ ★ ☆	

套用「Look」預設集

Creative 提供多種現成的調色工具，可替影片套用各種色調。只要從 Look 列示窗挑選喜歡的預設集，就能立即套用到影片上。

套用 Look 前

套用 Look 後

① 點選影片

點選待會兒要調色的影片。

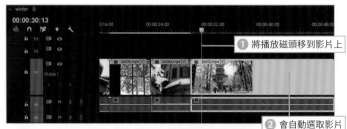

❶ 將播放磁頭移到影片上

❷ 會自動選取影片

2 展開「Creative」工具

展開 Lumetri Color 的 Creative 工具。

3 選選擇「Look」

Look 列示窗內建多種預設集，在預覽縮圖的兩側有左、右箭頭按鈕，按下箭頭，可切換不同的 Look 預設集。

4 套用「Look」

按一下縮圖預覽的中央，即可在影片上套用 Look 的設定。

7 套用預設集

點選 **Look** 右側的按鈕 ，即可展開
預設集，可從中點選想套用的效果。
這些預設集列表，若顯示「Fuji」或
「Kodak」這類底片的名稱，基本上就
是以這些底片的效果命名。

▶ 調整「Intensity」

在 Look 預覽縮圖下，有個 Intensity 滑桿，拖曳這個滑桿可調整套用「效果的強度」。往右拖
曳滑桿可加強 Look 效果，往左滑動可減弱效果。

使用「Adjustments」工具

Adjustments（調整）工具內建了 Faded Film、Sharpen、Vibrance 與 Saturation 調整滑桿，套用 Look 效果後，可進一步調整銳利度、飽和度、…等。

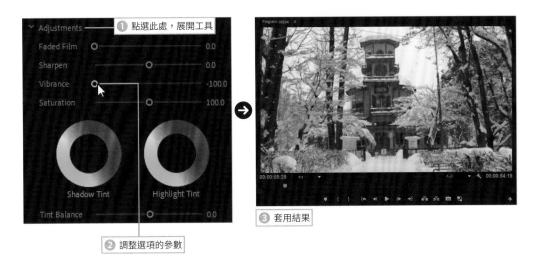

① 點選此處，展開工具

② 調整選項的參數

③ 套用結果

▶ 使用「色輪」工具

除了上述選項，還有 Shadow Tint 及 Highlight Tint 選項，可分別調整陰影與高光的色調。

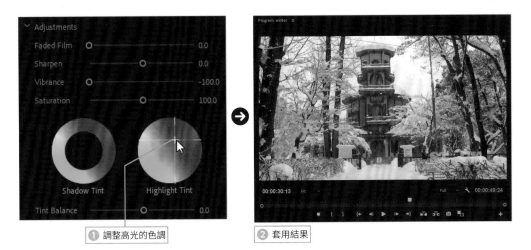

① 調整高光的色調

② 套用結果

4-9
「色輪」的操作

使用頻率	Premiere Pro CC 的效果常會使用「色輪」來做設定，在此我們說
★ ★ ☆	明一下色輪的使用方法。

▎操作「色輪」

　　使用「色輪」時，可先將滑鼠移到色輪內部，點選處的設定值（例如：色調）就會套用到影片上。假設色輪的左側有滑桿，可上下拖曳，調整效果的強弱。此外，若是在色輪的內部雙按，將會停用效果設定（即回到初始值）。

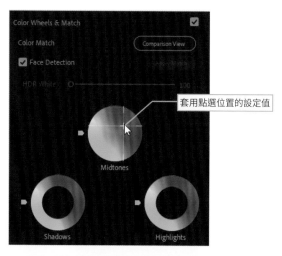

套用點選位置的設定值

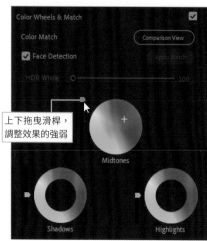
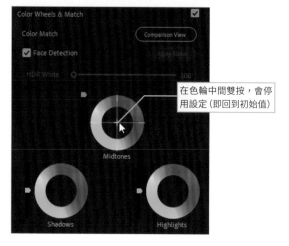

上下拖曳滑桿，調整效果的強弱

在色輪中間雙按，會停用設定（即回到初始值）

4-10
使用「Libraries」面板中的「Look」

使用頻率	透過 Libraries（資料庫）面板可以取用事先加入到 Creative Cloud
☆☆☆	資料庫中的素材。切換到 Premiere Pro CC 的 Libraries 面板，可以將 Look 色彩效果套用到影片上。

從「Libraries」套用「Look」效果

Libraries（資料庫）面板會顯示 Creative Cloud 資料庫的素材與 Look。只要從 Libraries 面板將 Look 拖曳到影片上，就能套用 Look 的色彩資訊。

❶ 展開 Libraries 面板

❷ 展開 Looks

Point

編註：切換到 Libraries 面板後，若是沒有看到任何素材，表示您尚未將素材或是色彩加入到 Creative Cloud 資料庫中。要將自己調配過的色彩加入到 Creative Cloud 資料庫，可利用 Lumetri Color 面板，先調好喜歡的色彩並套用到影片上，接著開啟 Libraries 面板，按下面板左下角的＋鈕，再點選 Look，即可加入到 Creative Cloud 的我的資料庫。或者也可以透過手機上的 Adobe Capture 來建立 Look（參考下一頁）。

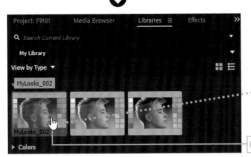

❹ 套用 Look 效果

❸ 將 Look 拖曳到影片上

套用前

套用後

4-11
利用行動裝置上的「Adobe Capture」製作「Look」

使用頻率	在手機、平板上安裝 Adobe Capture 這套 APP，可輕鬆製作在 Premiere Pro CC 或 Photoshop CC 使用的 Look，也可以新增到 Creative Cloud 資料庫中。
★ ★ ☆	

在 iPhone 建立 Look

Adobe Capture 可從 iPhone 的 App Store 或是 Android 手機的 Google Play 商店免費下載。接下來，將以 iPhone 的 Adobe Capture 為例，示範建立 Look 的步驟。Android 手機的操作步驟也相同。

① 安裝好 Adobe Capture 後，點選此圖示即可啟動

② 若您已經有 Adobe ID，請點選登入鈕；否則請點選註冊鈕，註冊一組 Adobe ID

③ 輸入您的 Adobe ID 及密碼，再點選登入鈕

④ 進入 Adobe Capture，會顯示如拍照般的畫面，請左右滑動底下的文字列，切換到 LOOK

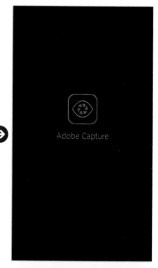

⑤ 點選此鈕，進入手機中的相簿，我們要開啟現有的照片來調色

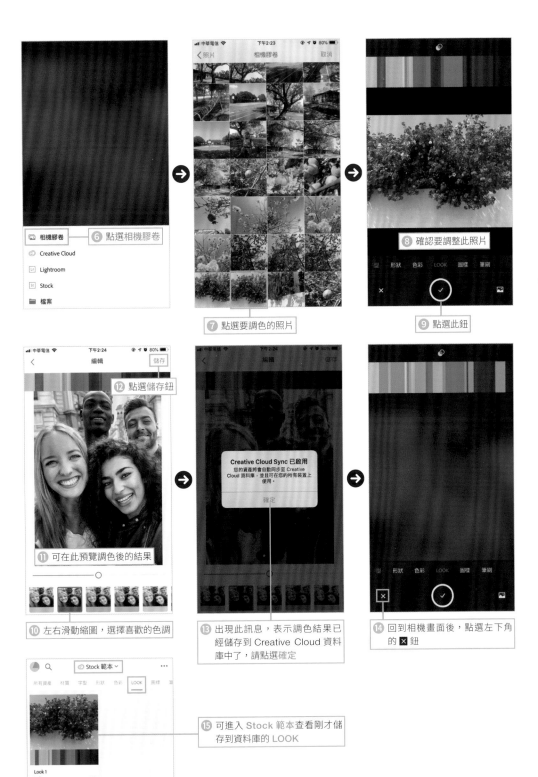

⑥ 點選相機膠卷

⑦ 點選要調色的照片

⑧ 確認要調整此照片

⑨ 點選此鈕

⑫ 點選儲存鈕

⑪ 可在此預覽調色後的結果

⑩ 左右滑動縮圖，選擇喜歡的色調

⑬ 出現此訊息，表示調色結果已經儲存到 Creative Cloud 資料庫中了，請點選確定

Creative Cloud Sync 已啟用
您的資產將會自動同步至 Creative Cloud 資料庫，並且可在您的所有裝置上使用。
確定

⑭ 回到相機畫面後，點選左下角的 ⊠ 鈕

⑮ 可進入 Stock 範本查看剛才儲存到資料庫的 LOOK

Look 1
LUT

iPhone

https://itunes.apple.com/tw/app/adobe-capture-cc/
id1040200189?mt=8

Android

https://play.google.com/store/apps/details?id=com.adobe.
creativeapps.gather&hl=zh_TW

在 Premiere Pro CC 使用 Look

利用手機的 Adobe Capture APP，製作完成的 Look，可以直接套用到 Premiere Pro CC 的影片上。

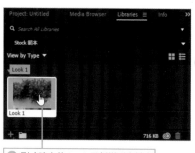

❶ 剛才建立的 Look 已新增到資料庫

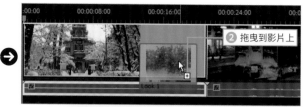

❷ 拖曳到影片上

❸ 套用 Look 了

4-12
使用「HSL Secondary」調整顏色

使用頻率	HSL Secondary 工具可對已套用白平衡效果的影片進一步調成特
★ ★ ☆	定的顏色。

調成特定顏色

HSL Secondary 工具，可在整體影片的色彩調校完成後，進一步對特定顏色調校的工具，不過就算影片未經過調校也能使用這項功能。底下的範例要將白雪覆蓋的影片調成粉紅色，這樣看起來就像是櫻花綻放的景象。

調色前

調色後

1 選擇 ✎ 滴管

請先選取要調整顏色的影片，再展開 HSL Secondary 工具。點選 Key 的箭頭，可顯示細部選項。
請點選✎滴管，再到 Program 面板點選要變更的顏色 (也就是白雪的顏色)，接著，改用✎滴管，繼續點選其他要變更顏色的地方。

> **TIPS** 「HSL」是什麼？
>
> 「HSL」是指由**色相**（Hue）、**飽和度**（Saturation）、**明度**（Lightness／Luminance 或 Intensity）這三種元素組成的色彩空間。

1 點選影片

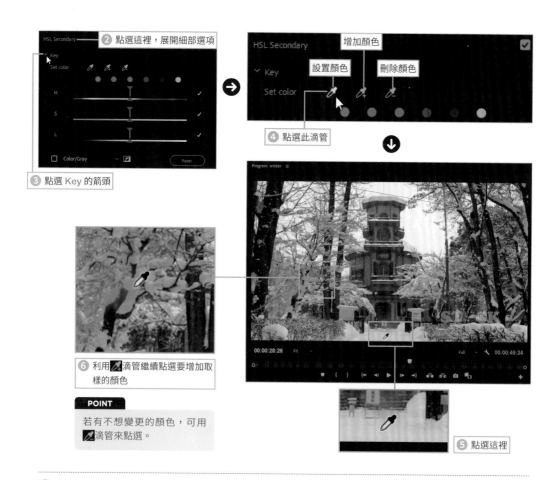

② 點選這裡，展開細部選項

③ 點選 Key 的箭頭

增加顏色

設置顏色　刪除顏色

④ 點選此滴管

⑥ 利用 🖋 滴管繼續點選要增加取樣的顏色

POINT

若有不想變更的顏色，可用 🖋 滴管來點選。

⑤ 點選這裡

2 確認選取範圍

接著，要確認剛剛選取的範圍。這裡將利用所謂的「遮色片」來查看選取的顏色範圍。預設狀態下，遮色片會以 Color／Gray（彩色／灰色）顯示，若是遮色片顯示的範圍不夠清楚，可改成 White／Black（白色／黑色）來顯示。

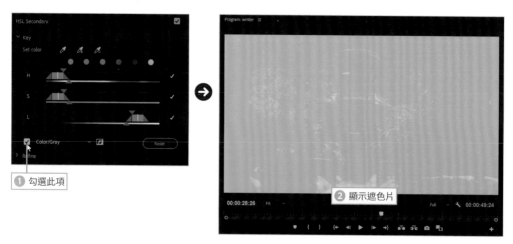

① 勾選此項

② 顯示遮色片

3 微調顏色範圍

範例裡的遮色片會讓白色部分變色，黑色的部分則保持不變。底下將試著用範圍選取工具調整範圍。

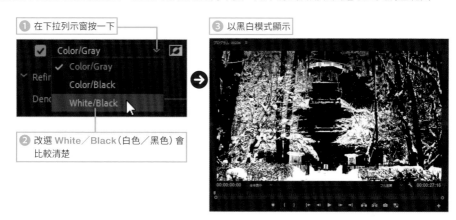

❶ 在下拉列示窗按一下

❷ 改選 White／Black（白色／黑色）會比較清楚

❸ 以黑白模式顯示

▶ 變更整體範圍的位置

若想變更選取範圍的位置，可拖曳底下的滑桿。

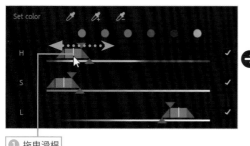

❶ 拖曳滑桿

❷ 變更範圍了

▶ 縮放範圍

若要縮放選取範圍，可拖曳滑桿上方的▼。

❷ 套用的範圍放大了

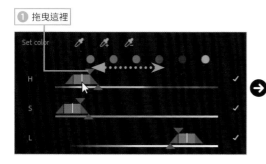

❶ 拖曳這裡

▶ 淡化選取範圍的邊緣

若想讓選取範圍的邊緣不要太過明顯，可拖曳滑桿底下的▲。全部調整完畢，可隱藏遮色片。

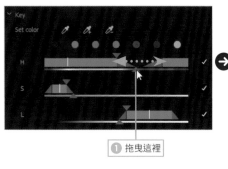

① 拖曳這裡

② 選取範圍的邊緣比較模糊了

③ 取消勾選此項

---

④ 變更顏色

選取好要換色的範圍後，要利用 Correction 色輪變更顏色。此範例要將白色調整為粉紅色。

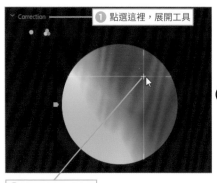

① 點選這裡，展開工具

② 點選要使用的顏色

③ 顏色變更了

5 利用「Temperature」(色溫) 與「Saturation」(飽和度) 加強顏色

Correction 內建了 Temperature (色溫) 與 Saturation (飽和度) 等選項。最後，要利用這些選項，進一步加強顏色。

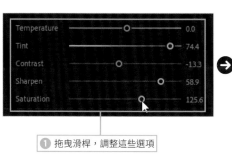

① 拖曳滑桿，調整這些選項

② 營造櫻花盛開的感覺

TIPS 利用「HSL Secondary」調色

HSL Secondary 不一定要在調校整體顏色之後才使用。例如：下面的範例就是在未經調色的影片裡，針對特定的綠色進行調校的結果。與剛剛的白雪範例一樣，變更了畫面裡的季節感。

套用 HSL Secondary 效果前

套用 HSL Secondary 效果後

4-13
將 Lumetri Color 的設定轉存為檔案

使用頻率
★ ★ ☆

在 Lumetri Color 設定的 Look 或其他色彩校正結果，可轉存為檔案或是新增為預設集。接下來將說明如何將 Lumetri Color 的設定新增為「預設集」，以及使用「預設集」的方法。

新增預設集

請試著將 Lumetri Color 的色彩校正結果新增為預設集。

① 點選 Lumetri Color 面板選單按鈕
② 選擇 Save Preset（儲存預設集）
③ 輸入預設集名稱
④ 輸入說明
⑤ 按下 OK 鈕

使用新增的預設集

剛剛新增為預設集的設定，可透過 Effects 面板套用。

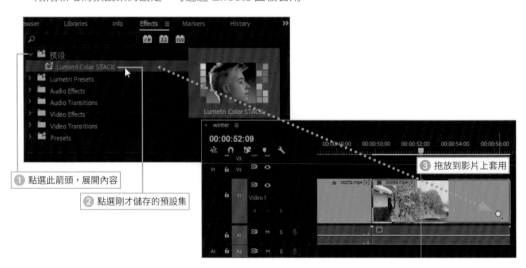

① 點選此箭頭，展開內容
② 點選剛才儲存的預設集
③ 拖放到影片上套用

套用前

套用後

POINT

Effects 面板中的 Preset 類別下的預設集，無法以雙按的方式套用，會變成更改名稱，必須直接拖放到影片上才能套用。

輸出為 Look 檔案

將色彩校正的設定轉存為 Look 檔案，就能分享給其他使用者囉！

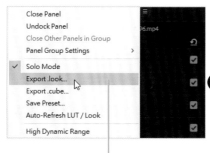

① 點選 Lumetri Color 面板選單按鈕，再點選 Export .look

② 輸入檔案名稱

③ 按下存檔鈕

Sakura.look

④ 輸出後的檔案

套用 Look 檔案

轉存為 Look 的檔案，可從 Lumetri Color 面板的 Creative（創意）匯入。

① 展開 Creative 面板

② 點選此處

③ 點選 Browse...（瀏覽 ...）

④ 開啟 Look 檔所在的位置

⑤ 點選檔案

⑥ 按下開啟鈕

⑦ 套用設定

CHAPTER

5

Motion 設定與影像的合成

初學者通常會覺得 Premiere Pro 的 Motion 設定很
難,所以本章我們特別用「Picture in Picture」為範
例,介紹影片的移動動畫以及動態追蹤效果。此外,
也會說明在剪輯影片時常用的合成技巧。

5-1
「Picture in Picture」（子母畫面）的設定

| 使用頻率
 ★ ★ ☆ | 在大的畫面中播放小畫面影像，稱為「Picture in Pictuer」（子母畫面）。本單元將介紹「Picture in Picture」的設定方法。 |

自訂「Picture in Picture」

子母畫面在 Premiere Pro 的效果名稱為「Picture in Picture」，也就是在大的畫面中再疊上小畫面的經典合成技巧，也有人簡稱為「PiP」或「PinP」。

要利用 Premiere Pro 呈現子母畫面效果的方法很多，我們先介紹手動設定的方法。此外，本書將大畫面稱為「母畫面」，小畫面稱為「子畫面」。

Picture in Picture 的畫面

① **配置影片**

請在時間軸的 V1 軌道配置影片，我們要將這個影片設為母畫面。接著請在 V2 軌道配置子畫面。

② 子畫面的影片

① 母畫面的影片

② **點選子畫面**

請將播放磁頭移到子畫面影片的起始處，再雙按 Program 面板中的畫面，以選取子畫面，此時子畫面周圍會顯示控點（■）。

⑤ 在畫面上雙按

⑥ 顯示調整控點

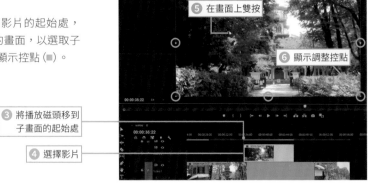

③ 將播放磁頭移到子畫面的起始處

④ 選擇影片

③ 拖曳控點

拖曳 Program 面板中的控點 (■) 就能調整子畫面的大小。

⑦ 拖曳控點來縮放子畫面大小

④ 調整顯示位置

將滑鼠移到子畫面中並拖曳，即可變更顯示位置。

⑧ 將子畫面拖曳到適當的位置

TIPS	**套用預設的效果來設定子母畫面**

在 **Effects** 面板的 **Presets** 裡有子畫面專用效果，你可以用這些效果來製作子畫面。要套用效果，只要直接拖曳到影片上就可以了。

Effects → Presets → PiPs

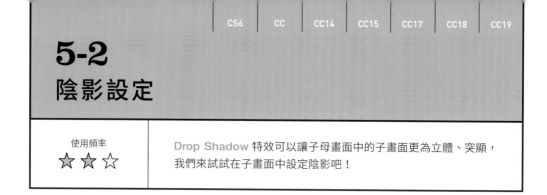

5-2
陰影設定

使用頻率
★ ★ ☆

Drop Shadow 特效可以讓子母畫面中的子畫面更為立體、突顯，
我們來試試在子畫面中設定陰影吧！

設定「Drop Shadow」

要讓子畫面更搶眼，可套用 Drop Shadow 特效。

❶ 點選影片

❷ 在搜尋列輸入關鍵字，按下 Enter

❸ 找到特效後，雙按即可套用

❹ 切換到 Effect Controls 面板

❺ 在此面板調整各項參數

❻ 套用陰影效果

TIPS 調整選項

Drop Shadow 有 Opacity（不透明度）、**Distance**
（距離）、…等選項設定，透過這些選項的調整，可讓陰
影效果更加突出。

5-3
「Alpha Glow」設定

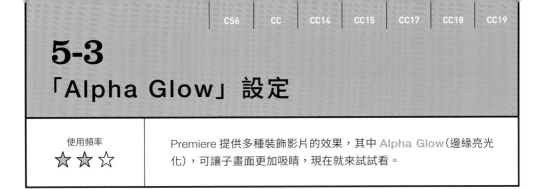

使用頻率	Premiere 提供多種裝飾影片的效果，其中 Alpha Glow（邊緣亮光
★ ★ ☆	化），可讓子畫面更加吸睛，現在就來試試看。

在影片周圍設定效果

上個單元，我們套用了 Drop Shadow 效果，接著請繼續在此影片套用 AlphaGlow（邊緣亮光化），讓影片的周圍產生發光般的光暈效果。

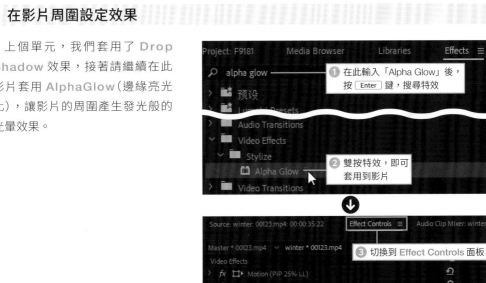

① 在此輸入「Alpha Glow」後，按 Enter 鍵，搜尋特效

② 雙按特效，即可套用到影片

③ 切換到 Effect Controls 面板

④ 在此設定 Alpha Glow 的各個選項

⑤ 點選 Start Color（起始色）色塊

⑧ 再點選 End Color（結束色）色塊，並設為白色

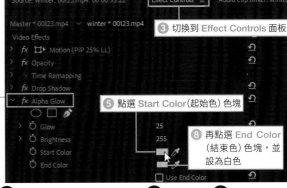

⑨ 套用 Alpha Glow 的結果

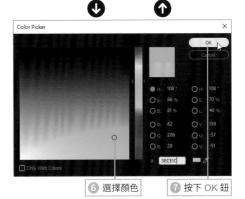

⑥ 選擇顏色

⑦ 按下 OK 鈕

CHAPTER 5　Motion 設定與影像的合成

| | | CS6 | CC | CC14 | CC15 | CC17 | CC18 | CC19 |

5-4
讓影片呈直線移動的動畫

| 使用頻率 ★★☆ | 接著,我們要讓子母畫面的子畫面以直線的方式移動,例如從畫面的左下角移到畫面的右下角。 |

設置「關鍵影格」

子母畫面的子畫面,可以設為「移動動畫」,要達到這樣的效果,會用到關鍵影格,了解關鍵影格有助於後續進行各種動畫的設定。

▶ 決定開始位置與狀態

設定動畫時,要先啟用 Motion 功能,再設定動畫的開始位置以及各個選項,再設置關鍵影格。以底下的範例而言,要將播放磁頭的位置設為動畫的開始位置,子畫面此時的位置就是動畫開始的狀態。

❶ 選取子畫面

❷ 切換到 Effect Controls 頁次

❺ 展開 Motion

❹ 將播放磁頭移到此

❸ 拖曳邊框,拉大時間軸的範圍

❻ 啟用 Position(位置)選項

❼ 設置好關鍵影格了

POINT

Position（位置）是切換動畫是否啟用的按鈕，點選
此項（呈藍色），動畫會播放，再次點選（呈白色），
會解除動畫。

▶ 決定結束位置與狀態

設定好開始位置與開始狀態後，接著要設定結束位置與結束狀態。下圖是在 Program 面板中
雙按子畫面，並將子畫面移到想要的位置，此時的位置就是結束狀態。

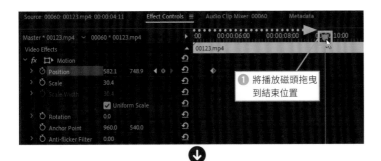

❶ 將播放磁頭拖曳
到結束位置

❷ 雙按子畫面，並拖
曳到想要的位置

❸ 會顯示移動的「路徑」

❹ 自動插入「關鍵影格」

POINT

路徑就像是動畫的播放軌
道，會以線條表示，影片
會沿著這條參考線移動。

5-5
讓影片以弧形的方式移動

使用頻率 ★ ★ ☆	學會讓影片以直線的方式移動後,接下來我們試著讓影片以半弧形的方式移動。

設定路徑

現在,我們要建立一個像「山峰」的路徑,讓影片順著路徑移動。

① 將播放磁頭移到這個位置

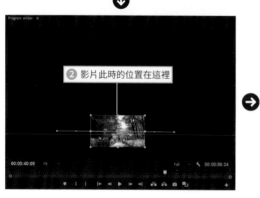

② 影片此時的位置在這裡

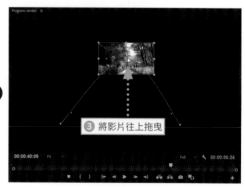

③ 將影片往上拖曳

* 為了方便說明,在此刻意隱藏母畫面。

動畫的路徑其實是「貝茲曲線」,所以節點的部分會顯示「方向線」,可利用方向線調整曲線的弧度狀態。

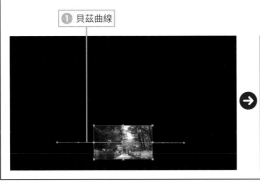

① 貝茲曲線

② 方向線

當設定了多個關鍵影格,想讓播放磁頭移到關鍵影格的位置,可利用 **Position**(位置)選項後面的三個小按鈕來移動(如右圖),按下 ◀,可以移到前一個關鍵影格;按下 ▶,可以移到下一個關鍵影格。中間的 ◎ 為**新增/移除關鍵影格**鈕,可在播放磁頭的位置新增或刪除關鍵影格。

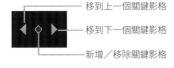

移到上一個關鍵影格

移到下一個關鍵影格

新增/移除關鍵影格

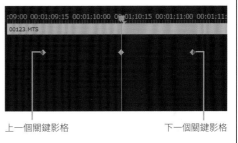

上一個關鍵影格　　　　　　　　　　下一個關鍵影格

CHAPTER 5 Motion 設定與影像的合成

除了可利用上述的 ◎ 鈕刪除關鍵影格,在關鍵影格上按滑鼠右鍵,從選單中點選 **Clear**(清除)也能刪除關鍵影格。

① 按下滑鼠右鍵

② 點選此項

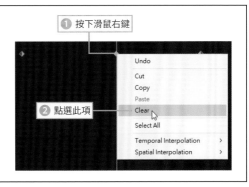

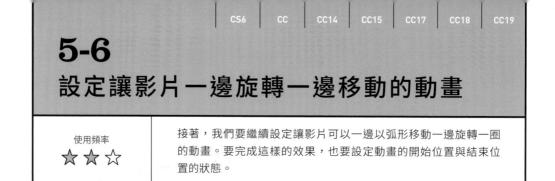

5-6
設定讓影片一邊旋轉一邊移動的動畫

使用頻率 ★★☆	接著，我們要繼續設定讓影片可以一邊以弧形移動一邊旋轉一圈的動畫。要完成這樣的效果，也要設定動畫的開始位置與結束位置的狀態。

使用「旋轉」選項

要讓影片旋轉必須使用 Effect Controls 面板中 Motion 的 Rotation 選項。此範例要設定開始旋轉與結束旋轉位置的旋轉次數或旋轉角度。請試著設定子畫面從直線移動轉換成沿著弧形移動，並在移動過程中旋轉一圈的動畫吧！

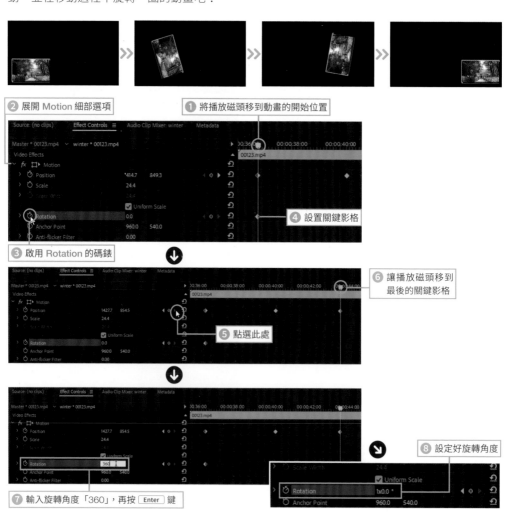

② 展開 Motion 細部選項

① 將播放磁頭移到動畫的開始位置

④ 設置關鍵影格

③ 啟用 Rotation 的碼錶

⑥ 讓播放磁頭移到最後的關鍵影格

⑤ 點選此處

⑧ 設定好旋轉角度

⑦ 輸入旋轉角度「360」，再按 Enter 鍵

▶ 輸入旋轉次數／旋轉角度

在 Premiere Pro 進行影片的旋轉設定時，請特別留意旋轉次數的設定，例如要讓影片旋轉一次，可在 Rotation 輸入角度 360°。

以鍵盤輸入「360」後，輸入值會顯示為「1x0.0」。此時的「1」就是旋轉次數。因此，要讓影片旋轉 3 次，可輸入「3x0.0」。

旋轉 1 次

旋轉 3 次

TIPS 將設定還原為初始值

變更了選項的參數值後，可按下 🔄 還原為預設值。

➡️

❶ 按此鈕　　❷ 還原為預設值

TIPS 變更錨點

Rotation 是以錨點為支點來旋轉影片。子畫面的錨點位於中心點，只要變更旋轉的支點，就能調整旋轉的方式。

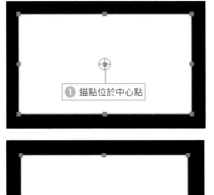

❷ 展開 Motion

❸ 調整「錨點」的參數

❶ 錨點位於中心點

❹ 錨點的位置改變了

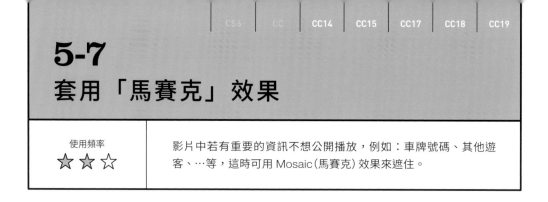

5-7
套用「馬賽克」效果

使用頻率 ★★☆	影片中若有重要的資訊不想公開播放,例如:車牌號碼、其他遊客、…等,這時可用 Mosaic(馬賽克) 效果來遮住。

全部或局部套用馬賽克效果

請先選取要套用馬賽克的影片,再從 Effects 面板的 Video Effects → Stylize 設定 Mosaic (馬賽克)。預設是套用到整個影片畫面,若設定馬賽克的範圍,就能在指定區塊套用馬賽克。

▶ 整個畫面套用馬賽克效果

替選取的影片設定 Mosaic 效果,可在整個畫面套用馬賽克。

❶ 點選影片

❷ 在此雙按,設定馬賽克效果

❸ 套用馬賽克效果了

❹ 可在此區調整馬賽克的區塊大小

❺ 變更 Horizontal Blocks(水平) 與 Vertical Blocks(垂直) 區塊的大小

❻ 變更馬賽克設定了

▶ **局部套用馬賽克：以遮色片設定範圍**

若只要局部套用馬賽克效果，可利用 Mask（遮色片）來設定效果的範圍。此範例只要將馬賽克效果套用到列車的前方。

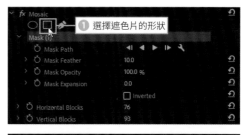
① 選擇遮色片的形狀

② 調整遮色片的位置與形狀

在影片設定 Track 效果

Track（追蹤）就是當套用遮色片的影片移動時，遮色片會跟著移動的功能。例如底下列車前進時，遮色片也要跟著移動。

▶ **執行「Track」（追蹤）**

設定局部馬賽克後，可設定 Track（追蹤）功能，讓馬賽克追蹤影片的動態。

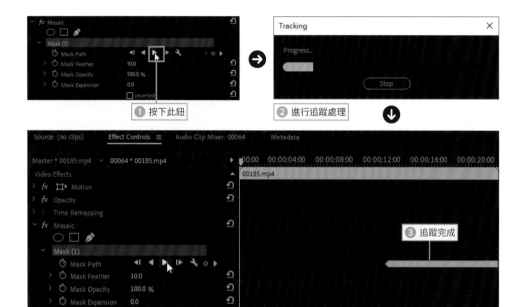

① 按下此鈕

② 進行追蹤處理

③ 追蹤完成

TIPS 逆向追蹤

如果剛才是從影片的中間開始「追蹤」，也可以反向「追蹤」。

反向追蹤的按鈕

POINT

設定追蹤後，看起來像是一直線的效果，其實是連續的關鍵影格。你可以調整 Effect Controls 面板底下的捲軸，就會發現每個影格都設定了關鍵影格。

每一個影格都設定了關鍵影格

5-8
「不透明度」的合成

使用頻率 ★☆☆	使用 Effect Controls 面板中的 Opacity（不透明度）效果，即使沒有套用轉場效果，也能呈現和轉場一樣的效果。底下我們就試著用 Opacity（不透明度）呈現影片的融合效果吧！

調整「不透明度」

每段影片預設會有三個效果，分別為 Motion、Opacity、Time Remapping，本單元我們要用其中的 Opacity（不透明度）來製作影片與影片融合在一起的效果。

① 配置影片

② 點選影片

③ 切換到 Effect Controls 頁次　④ 將播放磁頭移到最左側

⑤ 展開 Opacity（不透明度）的細部選項

⑥ 點選此處

⑦ 設為「0.0%」

⑧ 自動新增關鍵影格

⑨ 拖曳播放磁頭

⑩ 設定為「100%」

⑪ 自動新增關鍵影格

CHAPTER 5　Motion 設定與影像的合成

使用「遮色片」功能

使用 Opacity(不透明度) 的 Mask(遮色片) 功能，可在合成的影片畫面中「挖洞」。

① 點選要使用的遮色片

② 調整遮色片的大小與形狀

③ 在 Mask Feather 輸入「170」，設定遮色片邊緣的羽化程度(讓邊線不明顯)

④ 邊緣變得模糊了

TIPS 用滑桿調整不透明度

展開 Mask(遮色片) 底下的 Opacity(不透明度)，可利用滑桿調整不透明度的程度。

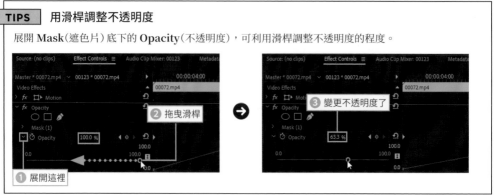

① 展開這裡

② 拖曳滑桿

③ 變更不透明度了

TIPS 　也可以將邊緣的羽化效果設為動畫

利用遮色片套用的羽化效果，也可以設為動畫。

② 點選 Mask Feather 的碼錶 　　　① 將播放磁頭移到左側

③ 新增了關鍵影格

④ 移動播放磁頭

⑤ 變更數值設定　　⑥ 設置了關鍵影格

5-9
「Image Matte Key」特效的用法

使用頻率	Image Matte Key 特效，可支援影像處理軟體所製作的遮罩檔案
★ ★ ☆	並與影片合成在一起。

利用「Image Matte Key」合成影片

使用 Image Matte Key 特效，可讀入 Photoshop 等影像處理軟體所製作的遮罩檔，與影片做合成。

利用 Photoshop 製作遮罩檔案

合成後的結果

POINT

編註：若不知道如何在 Photoshop 建立遮罩檔案，可以開啟書附光碟中 img 資料夾下的「mat.psd」檔案來練習。

POINT

這裡所指的「遮罩」，其實是一個靜態影像，由黑與白兩色所組成，以此範例而言，心形遮罩的黑色部份會透出下層影片的內容，遮罩的白色部份則會蓋住下層影片內容。

POINT

遮罩影像的大小建議與影片的大小一致（如：1920×1080）。如果使用的是 Photoshop CC，可從新增文件視窗選擇影片與視訊，再挑選適合的預設集，就能輕鬆指定影像大小。

② 在 V2 軌道配置疊加（上層）的影片

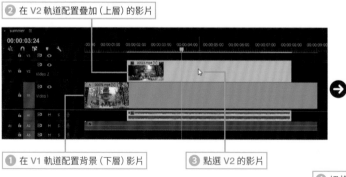

① 在 V1 軌道配置背景（下層）影片

③ 點選 V2 的影片

④ 切換到 Effects 面板，雙按 Video Effects → Keying → Image Matte Key

❺ 切換到 Effect Controls 面板

❻ 展開 Video Effects 下的 Image Matte Key 選項

❼ 按下 Setup（設置…）鈕

❽ 選擇遮罩檔案

❾ 按下開啟鈕

❿ 拉下列示窗，選擇 Matte Luma（亮度遮罩）

⓫ 顯示合成結果

TIPS　關於「Composite using」選項

在 Composite using 中有兩個選項可選，分別是 Matte Alpha 與 Matte Luma：

・Matte Alpha(Alpha 遮罩)：使用影像遮罩的「色版」合成。
・Matte Luma(亮度遮罩)：使用影像遮罩的亮度(明亮、亮度)合成。

舉例來說，Photoshop 的檔案中若含有「色版」資訊，就可使用該資訊以 Matte Alpha 的方式合成。

TIPS　關於「遮罩」

前面提過，「遮罩」是一個靜態影像，由黑與白兩色所組成，以此範例而言，心形遮罩的黑色部份會透出下層影片的內容，白色部份則會遮住下層影片內容。

此外，這裡使用的遮罩檔案雖然是 Photoshop 的 PSD 格式，但你仍可利用其他影像處理軟體製作只有黑與白的影像，再儲存為 BMP 格式，同樣可當成遮罩檔案使用。

5-10
利用「Track Matte Key」合成影像

使用頻率 ★★☆	上個單元介紹的 Image Matte Key 特效，其方法是載入遮罩檔案，還有另一種方法是將遮罩檔案直接拖曳到視訊軌上，再透過 Track Matte Key 特效合成影片。

與遮罩檔案合成

本單元要介紹在視訊軌合成遮罩的方法。首先在 V1 軌道配置「疊加」(重疊) 的影片，再於 V2 軌道配置背景影片，最後在 V3 軌道配置合成用的遮罩。

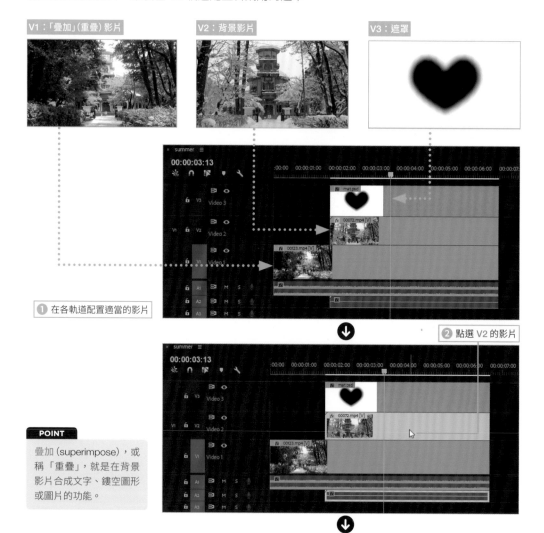

V1：「疊加」(重疊) 影片　　V2：背景影片　　V3：遮罩

❶ 在各軌道配置適當的影片

❷ 點選 V2 的影片

POINT

疊加 (superimpose)，或稱「重疊」，就是在背景影片合成文字、鏤空圖形或圖片的功能。

④ 開啟 Effect Controls 面板

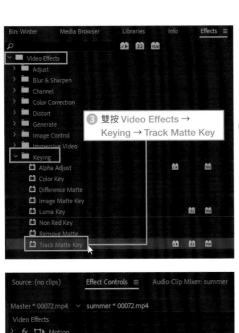

③ 雙按 Video Effects →
Keying → Track Matte Key

⑤ 點選此處，顯示 Video Effects 的
Track Matte Key 細部選項

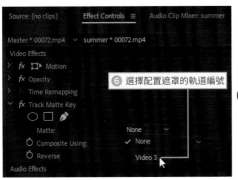

⑥ 選擇配置遮罩的軌道編號

⑦ 選擇 Matte Luma

⑧ 在 Programmer 面板顯示合成後的結果

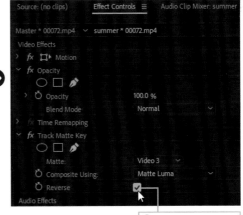

⑨ 勾選 Reverse（反向）

⑩ 反轉遮色片了

5-11
修正傾斜的影片

使用頻率	在拍攝影片時，有時以為自己已經儘量維持水平沒有歪斜，但往往在播放影片時才發現畫面是傾斜的。還好，在 Premiere Pro 中可以手動校正傾斜的問題。
★ ★ ☆	

將傾斜的影片調正

不小心把影片拍歪了，不用擔心要重拍，你可以利用 Rotation 這項功能來校正。

調整前

調整後

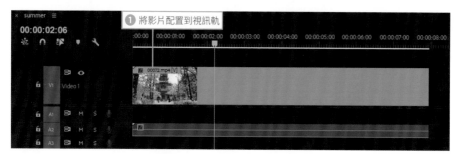
❶ 將影片配置到視訊軌

❷ 播放時發覺建築物有點斜斜的

❸ 點選要校正傾斜的影片

❹ 切換到 Effect Controls 頁次

❺ 展開 Motion 的細部選項

❻ 調整 Rotation 的角度，在此設為「1.0」

❼ 修正傾斜了

❽ 旋轉影像角度後，這兩處露出背景

❿ 修正傾斜的同時，也會填補背景

❾ 稍微放大 Scale 的值

5-12
使用「Ultra Key」讓指定部份變透明

| 使用頻率 ★ ★ ☆ | 使用 Ultra Key 效果可讓指定的顏色變成透明。本單元要讓範例影片裡的白雪變成透明。 |

讓特定顏色變透明

想透出其他影片內容，可用 Ultra Key 效果，讓指定的顏色變透明。

① 在 V1 軌道配置背景影片
② 在 V2 軌道配置疊加(重疊)影片

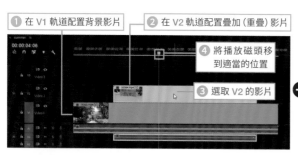

④ 將播放磁頭移到適當的位置
③ 選取 V2 的影片

⑤ 雙按 Video Effects → Keying → Ultra Key

⑥ 切換到 Effect Controls 頁次

⑦ 展開 Ultra Key 選項
⑧ 點選「滴管工具」

⑨ 點選要透明的顏色

⑩ 變透明了

⑪ 若顏色去除的效果不是很理想，可展開 Matte Generation 的各項參數來微調

CHAPTER

6

—

建立標題字幕

本章要說明主標題、跑馬燈、結束捲動字幕這些文字
的製作方法。主標題通常不會設定動作,但是跑馬燈
可以設定從畫面右側移到左側的動作、結束捲動字幕
則可設定從畫面下方往上方移動的動作。

6-1
關於「字幕」設定面板

使用頻率

★ ★ ☆

首先，我們要介紹在 Premiere Pro 中用來輸入主標題、跑馬燈與結束捲動字幕的「標題」面板。

專為製作標題設計的功能

在輸入文字前，我們先帶你認識 Premiere Pro 內建的「字幕」面板。這個面板除了可以製作主標題這類靜止標題，還能製作捲動與跑馬燈這類具動態的標題。執行 File → New → Legacy Title 命令，即可開啟此交談窗。

標題工具
輸入、選取與旋轉文字、操作錨點、繪製
直線或方框這類圖形工具都在此區

標題快速屬性
可在此進行「字型」、「字型大小」、
「對齊文字」、…等常用的設定

對齊與均分工具
對齊、均分多個
物件的工具

標題樣式
點選縮圖即可套用內建的樣式，
也可以自己建立新的樣式

標題屬性
文字與圖形物件的屬性設定，例如：字型、
字型大小、填色、陰影效果等屬性。設定好
的樣式還可建立為新樣式

Point

編註：拖曳交談窗中的粗黑邊線，可調整每個功能區塊的大小，調整後有些按鈕的排列會顯示成兩排。

▶「標題快速屬性」面板的各項功能

字型家族
顯示目前選取的字型名稱。也會顯示字型範本，同時具備字型瀏覽器功能

字型樣式
選擇字型的樣式

粗體／斜體／下底線
裝飾文字的按鈕選項

大小
變更字型大小

行距
設定每行的間隔

對齊
調整文字的位置

顯示背景視訊
顯示背景視訊的影格

建立新字幕
根據目前的設計新增字幕

捲動、移動選項
設定標題捲動的方向與速度

安全動作邊界
在螢幕播放時，能完整呈現的範圍。在這個範圍內的影像不會被截斷

定位尺標
可在對齊多行標題時使用

字距
調整文字間距

繪圖區域
輸入與編輯文字的區域

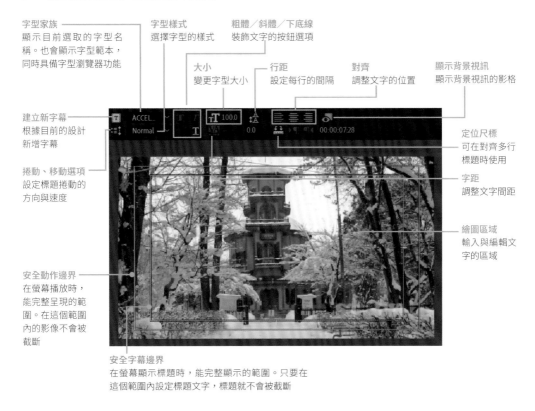

安全字幕邊界
在螢幕顯示標題時，能完整顯示的範圍。只要在這個範圍內設定標題文字，標題就不會被截斷

▶「標題工具」面板(左)與「對齊與均分」面板(右)的按鈕

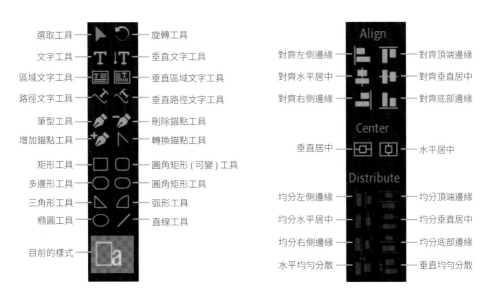

選取工具　旋轉工具
文字工具　垂直文字工具
區域文字工具　垂直區域文字工具
路徑文字工具　垂直路徑文字工具
筆型工具　刪除錨點工具
增加錨點工具　轉換錨點工具
矩形工具　圓角矩形(可變)工具
多邊形工具　圓角矩形工具
三角形工具　弧形工具
橢圓工具　直線工具
目前的樣式

Align
對齊左側邊緣　對齊頂端邊緣
對齊水平居中　對齊垂直居中
對齊右側邊緣　對齊底部邊緣
Center
垂直居中　水平居中
Distribute
均分左側邊緣　均分頂端邊緣
均分水平居中　均分垂直居中
均分右側邊緣　均分底部邊緣
水平均勻分散　垂直均勻分散

6-2
顯示「標題」面板

使用頻率	要開啟製作標題的「標題」面板有很多方法。本單元介紹的是從
☆ ☆ ☆	功能表開啟面板的方法。

「標題」面板

要開啟製作標題的面板有很多方法。在此說明從 File 功能表開啟的方法。另外，也可以參考以下的方法來開啟。

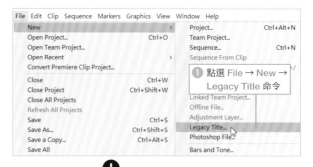

❶ 點選 File → New → Legacy Title 命令

Ⓐ 執行 Window → Legacy Title Designer 命令

Ⓑ 在 Project 面板中，雙按已建立的標題文字

Ⓒ 在 Project 面板的空白處按滑鼠右鍵，執行 New Item → Captions 命令

❷ 在此確認影片的長、寬及影格資訊

❸ 輸入字幕名稱

❹ 按下 OK 鈕

❺ 開啟「字幕」面板

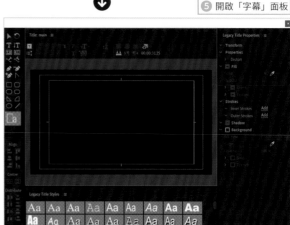

TIPS 利用快速鍵顯示「New Title」交談窗

利用下列快速鍵也可以開啟 New Title 交談窗。

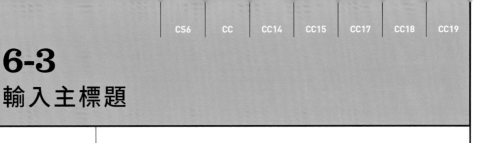

6-3
輸入主標題

使用頻率

★ ★ ★

接著，我們繼續說明在「標題」面板輸入主標題的方法。

輸入文字

標題文字可在「標題」面板的繪圖區域輸入。請點選 Type Tool（文字工具）來輸入文字，此時的文字稱為「文字物件」。

▶ 開啟「標題」面板

接下來我們就利用標題製作工具的「標題」面板新增主要標題。請先開啟「標題」面板，再進行下列的操作。

① 點選 Type Tool（文字工具）

② 點選要輸入文字的位置

③ 此時滑鼠游標會開始閃爍

④ 輸入文字

舊濟生館本館

⑤ 按下 Enter 鍵可換行，以輸入多行文字

⑥ 點選此箭頭

⑦ 選擇字型

本館

舊濟生館本館

⑧ 完成輸入

POINT

範例文字是以預設字型輸入，若是在輸入垂直文字時產生亂碼，請選取其他字型。

6-4
變更文字大小

| 使用頻率 ★ ★ ☆ | 變更文字大小的方法有很多種，在此要介紹以快速屬性變更的方法，以及其他變更大小的方法。 |

調整文字大小

讓我們試著調整文字的大小吧！底下的操作會在「標題快速屬性」與「標題屬性」進行。

② 變更文字大小了

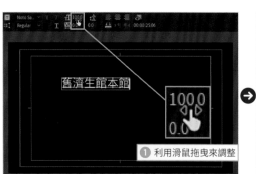

❶ 利用滑鼠拖曳來調整

TIPS 調整文字大小的方法

在「標題」面板右側的 Legacy Title Properties 的 Properties 裡，也有 Font Size 屬性，同樣可調整文字大小。此外，切換成 Selection Tool（選取工具）再拖曳文字周圍的控點 ，同樣可以調整文字大小。若是按住 Shift 鍵再拖曳，則可一邊維持長寬比，一邊調整文字的大小。

在數值上拖曳調整

6-5
變更字型

使用頻率	標題可說是「影片的門面」，是非常重要的元素，而標題字型更是
★ ★ ☆	「標題的門面」。在此要介紹變更字型的方法。

變更字型

變更字型的方式有很多，這次要使用的是「標題屬性」這個方法。

❶ 以 Selection Tool(選取工具)選取文字

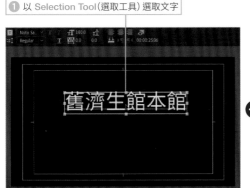

❷ 點選 Font Family 的下拉箭頭

❸ 選擇要使用的字型

❹ 變更字型了

TIPS 關於字型樣式

有些字型可選擇粗細這類**樣式**，此時可從 **Font Style**(字型樣式)中做選擇。

❶ 點選此處

❷ 選擇適合的樣式

6-6
變更文字的位置

| 使用頻率 ☆ ☆ ☆ | 輸入文字之後，可調整文字的位置。有些字型會因為比例不同，導致大小改變，此時即可調整文字的位置。 |

調整文字位置

點選 Selection Tool（選取工具）▶，調整文字的位置。

① 點選 Selection Tool（選取工具）

③ 將滑鼠游標移到文字內並拖曳，即可變更文字位置

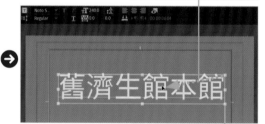

② 顯示 ■ 控制點

TIPS 輸入多行文字

同一個畫面裡可輸入多個文字物件。這些文字的位置都可隨意調整，字型及大小也能變更。

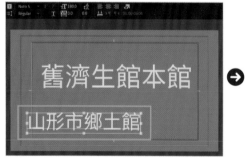

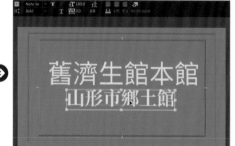

6-7
顯示或隱藏背景

使用頻率	標題文字的繪圖區域可將編輯中的影片以背景顯示。接下來要介
☆ ★ ☆	紹的是顯示或隱藏背景的方法。

在繪圖區域顯示背景

「標題」面板的繪圖區域可以顯示配置標題的影片。若要在編輯文字時顯示對應的影片，可按下 Show Background Video（顯示背景影片）鈕。

① 在「標題」面板輸入文字

③ 顯示影片

② 將序列的播放磁頭移到配置標題的位置

⑤ 顯示背景影片　④ 按下此鈕　⑥ 再按一次

⑦ 隱藏背景了

6-8
變更文字顏色

使用頻率

★ ★ ☆

接著要介紹的是變更文字顏色的方法。要使用的顏色可從 Color Picker（檢色器）選擇或是直接從影片中選擇。

改變文字顏色

讓我們一起變更文字顏色吧！文字顏色可在 Legacy Title Properties 的 Fill 做變更。

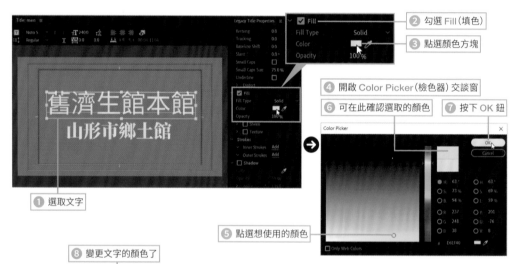

2 勾選 Fill（填色）
3 點選顏色方塊
4 開啟 Color Picker（檢色器）交談窗
6 可在此確認選取的顏色
7 按下 OK 鈕
1 選取文字
5 點選想使用的顏色

8 變更文字的顏色了

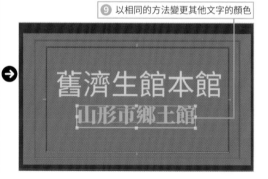

9 以相同的方法變更其他文字的顏色

TIPS 利用「滴管工具」🖊 選取顏色

點選顏色方塊右側的「滴管工具」🖊，就能汲取影片裡的顏色，作為文字的顏色使用。

6-9
製作「描邊字」效果

使用頻率	讓文字更有立體感的效果之一就是替文字「描邊」。這個功能可沿著文字周圍加上不同顏色的邊線，讓文字標題更有變化。
★ ★ ☆	

設定描邊

Legacy Title Properties(標題屬性)」的 Strokes(描邊)是設定文字邊緣的選項。

① 選取文字　　② 點選 Outer Strokes 的 Add(新增)　　③ 新增框線了

➡

④ 調整各項參數

⑤ 完成描邊字的設定

POINT
再次點選 Add(新增)可另外新增描邊。

POINT
若想刪除描邊，可點選 Outer Strokes 旁的 Delete(刪除)。

TIPS　描邊的類型

描邊的類型分成 **Depth**(深度)、**Edge**(邊緣)、**Drop Face**(下凹)這三種，每種的效果都不一樣，可依需求做選擇。

Depth 舊濟生館本館　　Edge 舊濟生館本館　　Drop Face 舊濟生館本館

編註：有些字型在套用 Drop Face 描邊類型時，效果會比較不明顯。

6-10
替文字加上陰影

使用頻率
★ ★ ☆

替標題加上陰影可營造浮在背景上層的印象。

設定陰影

文字陰影可從 Legacy Title Properties 的 Shadow 選項設定，這項操作必須先選取物件才能設定。

① 選取文字

② 勾選 Shadow（陰影）　　③ 調整陰影的各項參數

POINT

選項之一的 Spread（擴展）是指陰影邊緣的模糊程度，數值愈大，模糊程度愈高。

④ 點選非文字的區域，解除文字的選取與確認效果

⑤ 調整顯示的位置

| | | CS6 | CC | CC14 | CC15 | CC17 | CC18 | CC19 |

6-11
結束標題製作

使用頻率
★ ★ ☆

完成標題文字的輸入與設定後，可結束標題的製作。標題製作不需要另外儲存剪輯影片。

結束與儲存標題的製作

標題設定完成後，請點選「標題」面板右上角的「關閉」鈕。標題會以標題影片的方式存在 Project 面板裡，所以不需要另外儲存。此外，在 Project 面板新增的標題影片會自動將持續時間設為 5 秒。

1 按下「關閉」鈕　　　　　　　　　　　　　**2** 新增為標題影片

TIPS　　**儲存／管理用的素材箱**

請新增一個 Title 素材箱，可以統一管理標題影片，也可以管理後續介紹的跑馬燈與結束捲動字幕。

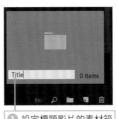

1 設定標題影片的素材箱　　　　**2** 儲存影片

TIPS　　**重新編輯標題影片**

若要重新編輯標題，可雙按 Project 面板裡的標題影片，此時會啟動「標題」面板，可重新編輯標題。

6-12
在序列配置標題

使用頻率	製作完成的標題影片可配置在序列的視訊軌道使用，而此時將當
★ ★ ★	成 5 秒的靜止圖片配置。

標題的配置

　製作完成的標題影片無法直接套用在影片上，必須將 Project 面板裡的影片配置到序列裡，與影片合成後才能使用，而為了合成，必須配置在 V2 以上的視訊軌道。

③ 將標題影片拖曳到 V2 軌道以上的軌道

② 確認畫面

① 將播放磁頭拖曳到要配置標題的位置

④ 配置標題影片了

⑤ 影片與標題合成顯示了

| | | CS6 | CC | CC14 | CC15 | CC17 | CC18 | CC19 |

6-13
修剪標題影片

使用頻率	標題影片預設是顯示 5 秒，顯示時間可透過修剪影片調整。
★ ★ ★	

修剪標題影片

標題影片的持續時間預設為 5 秒，而這個持續時間可仿照視訊或圖片修剪長度。

① 拖曳末端

② 顯示持續時間

③ 以修剪的方式調整持續時間

▶ 修改序列的標題影片

若需要修改標題，請雙按 Project 面板的標題影片或是序列裡的標題影片。此時將一邊匯入標題影片的內容，一邊開啟標題面板。修正的內容會立刻套用到影片裡。

② 自動開啟標題面板，可在此處修改

③ 修改的內容將立刻套用到影片裡

① 雙按

6-14
以「標題樣式」美化標題

使用頻率	讓我們套用「標題」面板的「標題樣式」美化標題吧！使用這項功能可輕鬆製作好看的標題。
★ ★ ☆	

套用範本製作主要標題

「標題」面板內建許多設計好的標題範本，也稱為「標題樣式」。只要點選喜歡的範本，就可以讓標題文字變得醒目。

❶ 輸入標題文字，再完成大致上的設定

❷ 選擇喜歡的樣式

❸ 套用剛剛選擇的樣式

❹ 點選其他樣式，將套用該樣式

POINT

套用範本後仍然可以更換字型。

TIPS 關閉安全邊界

Safe Title Margin（安全字幕邊界）與 Safe Action Margin（安全動作邊界）是映像管時代為了避免影片或標題文字被截斷所設定的標準，可利用選單裡的選項隱藏這些邊界。

❶ 點選此按鈕

Safe Title Margin（安全字幕邊界）

Safe Action Margin（安全動作邊界）

❷ 取消勾選此項

| | | CS6 | CC | CC14 | CC15 | CC17 | CC18 | CC19 |

6-15
在標題上套用視訊的轉場效果

| 使用頻率 ☆☆☆ | 只是將標題拖曳到時間軸上擺放，當播放時標題會突然顯示與消失，為了避免這種突兀的狀況，可以在標題前、後設定淡入／淡出效果。 |

設定淡入／淡出效果

套用 Additive Dissolve 的視訊轉場效果，就能輕鬆替標題設定淡入／淡出效果。

淡入／淡出

 >>  >>

 >>  >>

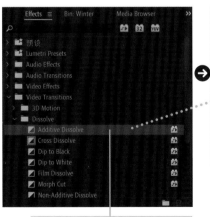

① 選擇 Additive Dissolve（疊加溶解）

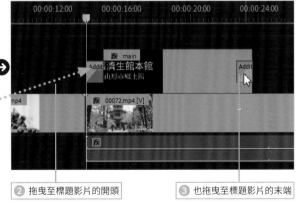

② 拖曳至標題影片的開頭

③ 也拖曳至標題影片的末端

POINT

可以試著套用 Additive Dissolve（疊加溶解）以外的轉場效果，欣賞其他有趣的效果。

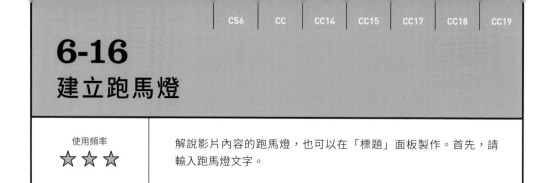

6-16
建立跑馬燈

使用頻率 ★ ★ ☆	解說影片內容的跑馬燈,也可以在「標題」面板製作。首先,請輸入跑馬燈文字。

建立與設定跑馬燈

「跑馬燈」就是用來解說畫面的文字,就像我們一般觀看新聞畫面下的跑馬燈文字一樣。本單元我們就來試試製作由右往左捲動的白色跑馬燈。

▶ 輸入跑馬燈文字

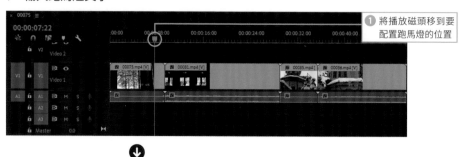

❶ 將播放磁頭移到要配置跑馬燈的位置

⬇

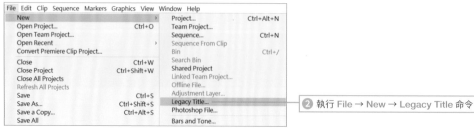

❷ 執行 File → New → Legacy Title 命令

TIPS | **Roll 與 Crawl**

Premiere 將文字的上下與左右移動,分別稱為 Roll 與 Crawl,上下捲動稱為 Roll,由「左而右」或由「右而左」稱為 Crawl。

Roll 用於製作片尾結束字幕
Crawl 用於製作橫向跑馬燈

③ 輸入跑馬燈的名稱

④ 按下 OK 鈕

⑤ 點選 Type Tool
（文字工具）

⑥ 輸入一行文字

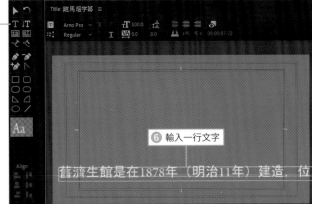

POINT

在輸入文字前，可以先選擇字
型。若是選擇直書字型，有可能
會出現亂碼，或是變空白。

▶ **調整顯示位置**

　　請點選 Selection Tool ▶，
拖曳文字並調整顯示位置，如
果左右兩邊的文字稍微被截斷
也沒關係。

① 點選 Selection Tool

② 拖曳文字，調整顯示位置

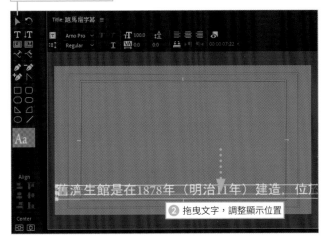

6-17
跑馬燈的設定

使用頻率

★ ★ ★

跑馬燈必須容易閱讀又不干擾影片。本單元要說明如何製作容易閱讀的跑馬燈。

設定陰影

套用屬性面板裡的 Shadow（陰影），可讓文字更容易閱讀。

在此區進行 Shadow（陰影）設定

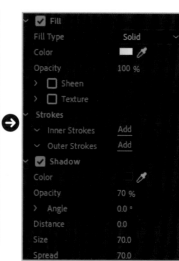

POINT

在此所設定的 Shadow（陰影）參數如下。

- 字型：Arno Pro（你可選擇自己喜歡的字型）
- Opacity（不透明度）：70%
- Angle（角度）：0.0 度
- Distance（距離）：0.0
- Size（大小）：70.0
- Spread（擴展）：70.0

動態設定

替文字加上陰影後，接著要設定跑馬燈的動態。底下的範例要讓文字由右往左捲動。

在進行 Roll/Crawl Options 的設定時，請留意底下兩個選項，這兩個選項可控制跑馬燈從畫面的右外側往左移動，再從左外側的畫面消失；或是從螢幕左外測往右移動，再從右外測的畫面消失。

Start Off Screen：從外側往內側移動
End Off Screen：文字持續捲動，直到完全移出畫面

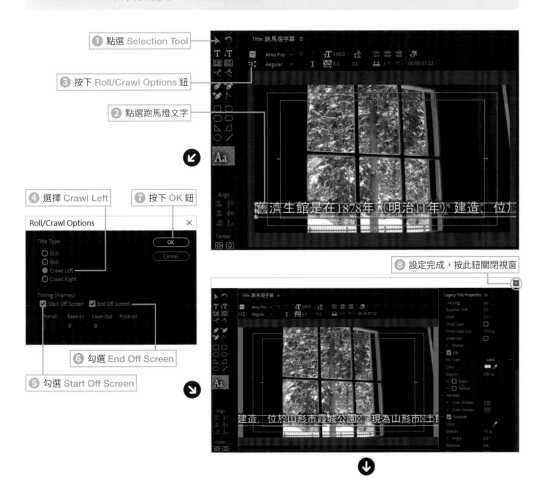

① 點選 Selection Tool
③ 按下 Roll/Crawl Options 鈕
② 點選跑馬燈文字
④ 選擇 Crawl Left
⑦ 按下 OK 鈕
⑥ 勾選 End Off Screen
⑤ 勾選 Start Off Screen
⑧ 設定完成，按此鈕關閉視窗

Roll/Crawl Options

Title Type
○ Still
○ Roll
● Crawl Left
○ Crawl Right

Timing (Frames)
☑ Start Off Screen ☑ End Off Screen
Preroll　Ease-In　Ease-Out　Postroll
　0　　　0　　　　　　　　0

⑨ 新增為影片

POINT

建立到 Project 面板的跑馬燈影片，預設的持續時間為 5 秒。

6-18
配置跑馬燈

使用頻率 ★ ★ ★	跑馬燈影片與主標題一樣，都可以配置在序列裡。播放速度則可透過修剪影片來調整。

在時間軸配置跑馬燈

跑馬燈影片會自動新增在 Project 面板，可直接配置到時間軸裡。請將跑馬燈影片配置到 V2 以上的軌道。

① 點選跑馬燈影片

② 拖曳到時間軸裡

TIPS　編輯跑馬燈

如果要再次編輯跑馬燈，只要雙按時間軸上的跑馬燈。即會開啟「標題」面板，讓你修改屬性。

③ 按下播放鈕

舊濟生館是在1878年（明治

④ 確認跑馬燈效果

POINT

修剪時會顯示持續時間。右圖的持續時間拉長為 8 秒的長度。

跑馬燈捲動速度太快或太慢，可調整跑馬燈的持續時間

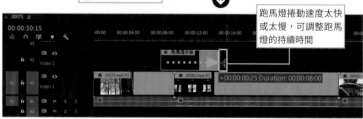

+00:00:00:25 Duration: 00:00:08:00

6-19
從 Adobe Fonts 新增字型

使用頻率

★ ☆ ☆

「Adobe Fonts」(舊版稱為 Adobe Typekit) 是 Adobe Creative Cloud 使用者的字型服務，本單元要說明如何使用這項服務。

從 Adobe Fonts 新增字型

Adobe Fonts 提供高品質的字型資料庫，你可視需求啟用。此外，Adobe Fonts 的字型可當成桌上型電腦的應用程式字型使用，也可以當成網路字型使用。請執行 Graphics → Add Fonts from Adobe Fonts 命令：

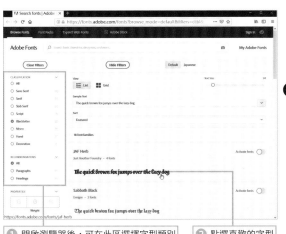

① 開啟瀏覽器後，可在此區選擇字型類別　　② 點選喜歡的字型

③ 點選此處啟用該字型，或是點選最上面的 Activate All Fonts

這些是已啟用的字型

④ 登入你的 Adobe ID 即完成字型的啟用

⑤ 在 Premiere 設定字型時，就會看到剛剛啟用的字型了

POINT

若要解除啟用的字型，可開啟 Adobe Creative Cloud 視窗，切換到字體頁次點選管理字型，開啟瀏覽器後，點選字型下的藍色開關即可解除同步。

6-20
輸入片尾捲動字幕

| 使用頻率 ★ ★ ★ | 在影片最後顯示的「片尾捲動字幕」，同樣是使用 Roll/Crawl Options 功能製作。請先輸入片尾文字。 |

輸入片尾文字

Premiere Pro 的片尾捲動字幕，基本上操作方法與跑馬燈一樣。

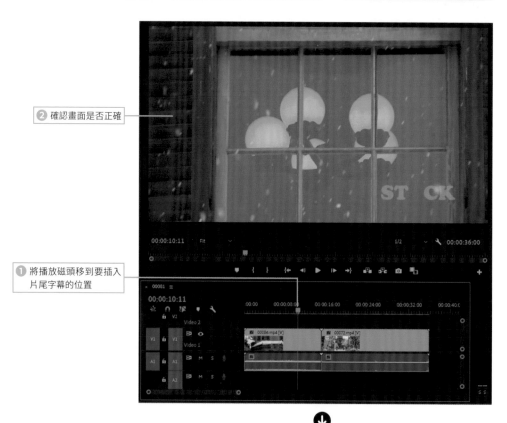

② 確認畫面是否正確

① 將播放磁頭移到要插入片尾字幕的位置

③ 執行 File → New → Legacy Title 命令

TIPS 使用「Tab Stops」

Tab Stops(定位尺規) 是在輸入文字時，按下 [Tab] 鍵指定滑鼠移動位置的功能。製作片尾捲動字幕，介紹工作人員時，可利用這項功能對齊文字，讓畫面顯得更整齊。

④ 輸入片尾捲動字幕的標題名稱

⑤ 按下 OK 鈕

⑥ 點選此鈕　⑦ 在畫面按一下，確定輸入的位置　⑧ 一邊輸入文字，一邊按 [Enter] 鍵換行

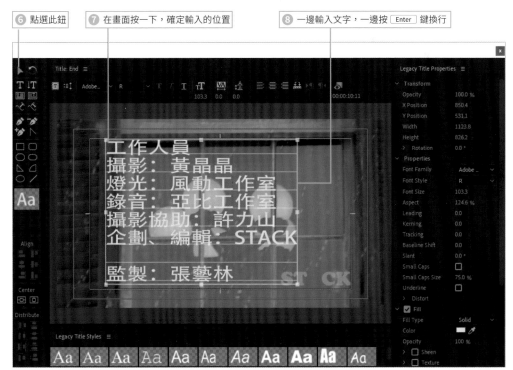

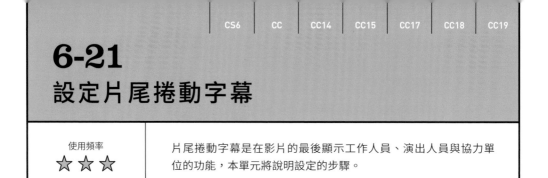

6-21
設定片尾捲動字幕

使用頻率

☆ ☆ ☆

片尾捲動字幕是在影片的最後顯示工作人員、演出人員與協力單位的功能,本單元將說明設定的步驟。

調整文字大小與行距

輸入所有文字後,接著要調整字型、文字大小、行距、…等設定,也可以套用陰影或其他效果,讓文字更容易閱讀。

此外,也可以配合影片的位置來調整,例如,我們在 Program 面板,將影片縮小到畫面的左上角,這樣右方就可以空出來放片尾捲動字幕。

② 變更字型　　　　① 選取文字　　　　③ 點選此鈕　　　　④ 調整顯示位置

⑤ 調整文字大小　　　⑥ 調整行距

⑦ 最後再確認一下文字是否有被切掉

捲動設定

完成文字的美化,接著要設定動態效果。此範例要設定讓文字從畫面下方往上捲動的效果。

③ 選取 Roll

⑥ 按下 OK 鈕

① 點選 Selection Tool

② 按下 Roll/Crawl Options 鈕

④ 勾選 Start Off Screen

⑤ 勾選 End Off Screen

⑦ 按下此鈕,關閉視窗

⑧ 已新增為影片

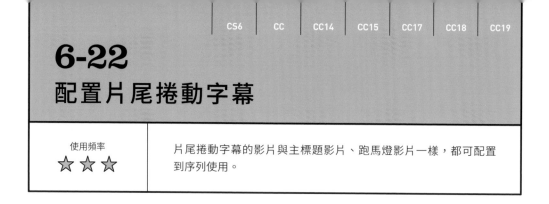

6-22
配置片尾捲動字幕

使用頻率 ☆☆☆	片尾捲動字幕的影片與主標題影片、跑馬燈影片一樣,都可配置到序列使用。

在時間軸配置片尾捲動字幕

片尾捲動字幕的影片會自動新增在 Project 面板中,所以可直接配置到時間軸裡。此外,片尾捲動字幕請配置在 V2 以上的軌道。

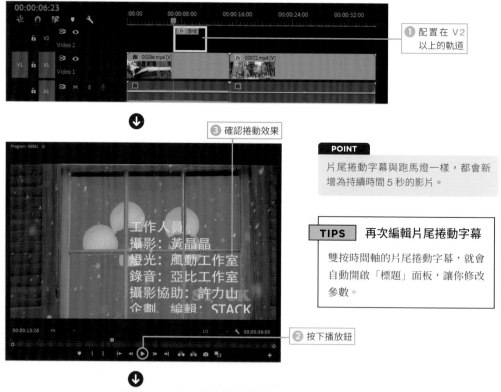

❶ 配置在 V2 以上的軌道

❸ 確認捲動效果

POINT

片尾捲動字幕與跑馬燈一樣,都會新增為持續時間 5 秒的影片。

TIPS 再次編輯片尾捲動字幕

雙按時間軸的片尾捲動字幕,就會自動開啟「標題」面板,讓你修改參數。

❷ 按下播放鈕

❹ 可視播放狀況,調整持續時間

CHAPTER

7

使用音訊檔案

本章要說明編輯 BGM 及音訊檔案的方法。音訊的編輯
作業主要是調整音量,我們會說明如何在序列軌道、
Effect Controls 面板編輯音訊的方法。
由於 BGM 對影片內容有很大的影響,甚至可能會改變
影片的整體氛圍,請大家務必重視 BGM 並善加利用。

註:BGM 為背景音樂 (Background music) 的簡稱。

7-1
配置 BGM 音訊

使用頻率 ★ ★ ☆	當成 BGM 使用的音訊可配置在時間軸的「音訊軌道」，不過請注意，不要覆蓋到其他資料。

配置到音訊軌道

在音訊軌道配置音訊時，請不要重疊在有視訊聲音的軌道上。預設是會讓兩個聲音疊在一起，所以視訊的聲音會被 BGM 覆蓋。

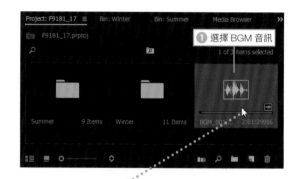

❶ 選擇 BGM 音訊

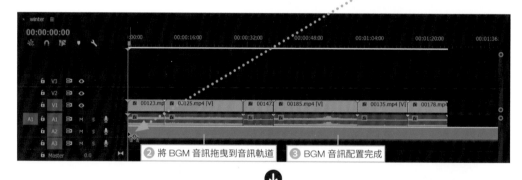

❷ 將 BGM 音訊拖曳到音訊軌道　❸ BGM 音訊配置完成

❹ 雙按空白處

❺ 放大音訊的波形

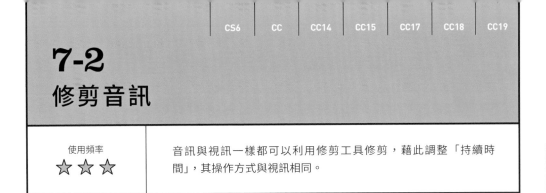

7-2
修剪音訊

使用頻率	音訊與視訊一樣都可以利用修剪工具修剪，藉此調整「持續時間」，其操作方式與視訊相同。
★ ★ ★	

修剪音訊

　　若 BGM 的「持續時間」太長，可修剪成較短的長度。反之，如果持續時間太短，可使用多個 BGM 檔案或是讓相同的 BGM 重複播放。

❶ 拖曳此滑桿，縮放成可以觀看整體影片的長度

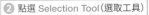

❷ 點選 Selection Tool（選取工具）

❸ 將滑鼠游標移到音訊的末端

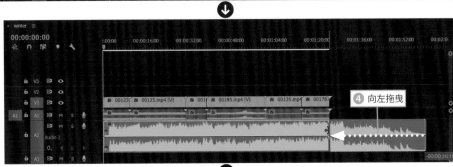

❹ 向左拖曳

TIPS 顯示與隱藏音訊的波形

音訊可設定是否顯示波形。點選 Timeline Display Settings  開啟選單，再從中選擇顯示方式。

顯示音訊波形
（勾選 Show Audio Waveform）

隱藏音訊波形
（取消勾選 Show Audio Waveform）

隱藏所有資訊
（取消勾選 Show Audio Waveform、Show Audio Keyframes、Show Audio Names）

7-3
調整音量大小

使用頻率	在序列配置好 BGM 的音訊，接著我們要調整音量。本單元要介紹
☆ ☆ ☆	用拖曳的方式來調整音量等級。

在序列的音訊調整音量

音量等級可直接在序列的音訊上調整。請點選音訊，再上下拖曳中央的「音量等級線」即可調整音量。

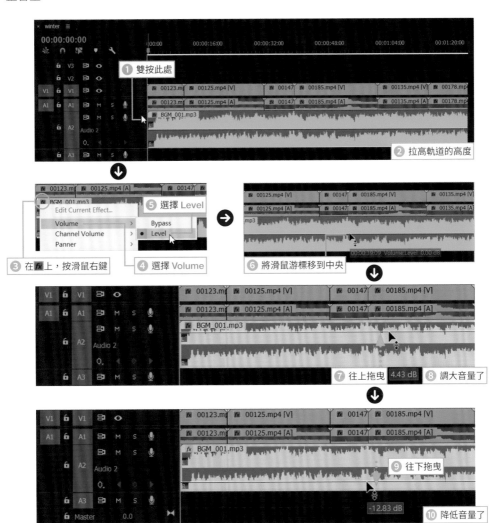

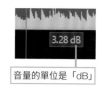
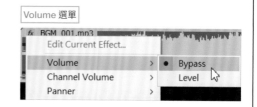

7-4
在「Effect Controls」面板調整音量

使用頻率	在 **Effect Controls** 面板也可以調整 BGM 的音量，我們來看看如何調整整體音量。
☆ ☆ ☆	

「Effect Controls」面板的音量調整

請先選取要調整音量的音訊，即可在 Effect Controls 面板中調整。

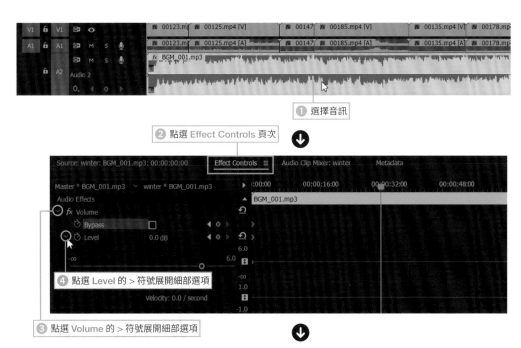

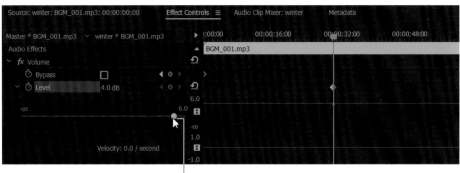

❶ 選擇音訊

❷ 點選 Effect Controls 頁次

❹ 點選 Level 的 > 符號展開細部選項

❸ 點選 Volume 的 > 符號展開細部選項

❺ 左右拖曳滑桿調整音量

不論在音訊的哪個位置調整音量，整個音訊都會一起調整。Level 的數值愈小，音量就愈小；反之，數值愈大，音量就愈大。若音訊有設定關鍵影格，可透過關鍵影格調整音量，詳細說明請參考 7-24 頁。

TIPS 使用「Audio Meters」作為調整音量的參考

Premiere Pro 工作區有個 **Audio Meters**(音量表，或稱「音量指示器」)，當序列進行播放時，**Audio Meters** 會以顏色的動態變化來呈現音量。如果音量過大就會以紅色顯示，表示破音。這時請修正 Level 值，儘量保持在紅色區域底下。此外，拖曳 **Audio Meters** 面板的空白處，可以改成以水平的方式顯示。

編註：Audio Meters 在預設的工作區中，顯示範圍縮得很小，您可以拖曳面板的邊緣，讓面板顯示大一點，以便看清楚刻度。

TIPS 調整左、右聲道的音量

除了整體音量的調整外，還能調整「聲道音量」。例如音訊為立體聲時，可分別調整 L 聲道 (左聲道) 與 R 聲道 (右聲道) 的音量。

在 🎬 按右鍵，從選單中點選 Channel Volume，即可選擇 Left 或 Right

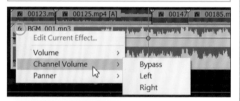

顯示音訊的左右聲道音量

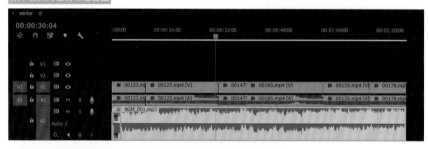

在 Effect Controls 面板中的 Channel Volumn 可進一步調整聲道的音量

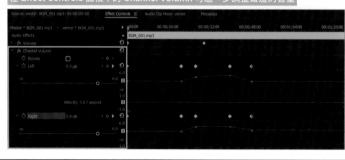

7-5
音訊的淡入／淡出效果

使用頻率	在播放影片時，如果音量從頭到尾都一樣，比較沒有層次變化。通常我們會在開始播放時，讓音訊由小聲慢慢變大聲；當影片接近尾聲時，讓音訊慢慢由大聲變小聲，這樣比較不會有突然開始或突然結束的感覺。
★ ★ ☆	

利用「Effects」來設定音訊的淡入／淡出

要設定音訊的淡入、淡出，可使用 Effects 面板的 Audio Transitions，設定方法與設定視訊的轉場效果一樣。

❶ 選擇特效

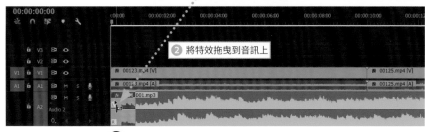

❷ 將特效拖曳到音訊上

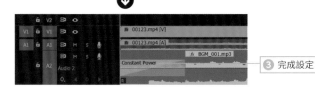

❸ 完成設定

TIPS 「Constant Gain」與「Constant Power」的差異

在 Audio Transitions 下的 Crossfade 中有 Constant Gain 及 Constant Power 兩種效果，這兩種都能讓音量（Level）慢慢淡出或淡入，但差別在於音量是呈直線變化還是呈曲線變化。一般而言，Constant Power 效果比較自然。

7-6
將視訊中的聲音分離

| 使用頻率 ☆ ☆ ☆ | 視訊檔中包含了影像與聲音資料,這兩部份通常會連結在一起。若想單獨刪除聲音資料,可先解除連結。 |

分離視訊中的聲音資料

想讓視訊中的影像與聲音分離,可使用 Unlink 命令取消連結,取消連結後,就可單獨刪除聲音的部份。若想在取消連結後重新連結,可同時選取影像與聲音,再按滑鼠右鍵點選 Link 命令。

❶ 選擇視訊

❷ 在視訊上按滑鼠右鍵

❸ 點選 Unlink

❹ 取消連結

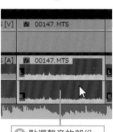

❺ 點選聲音的部份,按 [Delete] 鍵

POINT

解除連接後,視訊檔案名稱右側原本顯示的 [A] 或 [V] 文字就會消失。

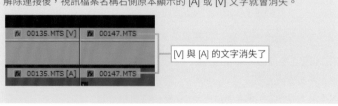

[V] 與 [A] 的文字消失了

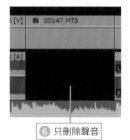

❻ 只刪除聲音

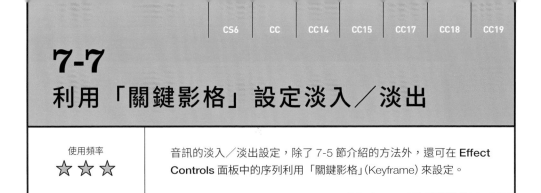

7-7
利用「關鍵影格」設定淡入／淡出

使用頻率 ★ ★ ☆	音訊的淡入／淡出設定，除了 7-5 節介紹的方法外，還可在 **Effect Controls** 面板中的序列利用「關鍵影格」(Keyframe) 來設定。

利用「關鍵影格」調整音量

請切換到 Effect Controls 頁次，展開 Audio Effects 的 Volume → Level 細部選項，就能用關鍵影格設定音量的淡入／淡出效果。

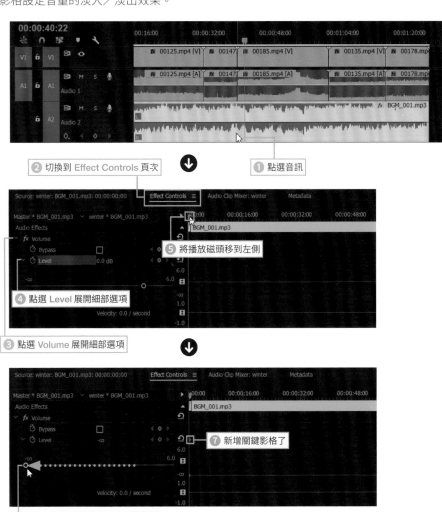

② 切換到 Effect Controls 頁次　　　① 點選音訊

⑤ 將播放磁頭移到左側

④ 點選 Level 展開細部選項

③ 點選 Volume 展開細部選項

⑦ 新增關鍵影格了

⑥ 將 Level 滑桿移到左側的「-0.0」

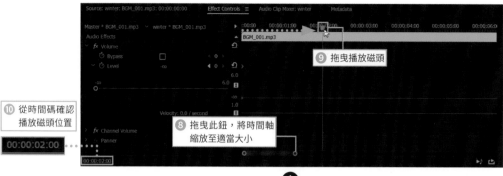

⑩ 從時間碼確認播放磁頭位置

00:00:02:00

⑨ 拖曳播放磁頭

⑧ 拖曳此鈕,將時間軸縮放至適當大小

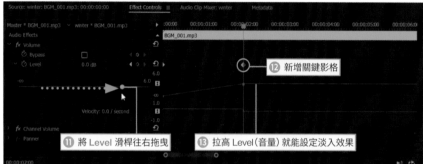

Point

在此將 Level 設為 0.0db。

⑪ 將 Level 滑桿往右拖曳

⑫ 新增關鍵影格

⑬ 拉高 Level(音量)就能設定淡入效果

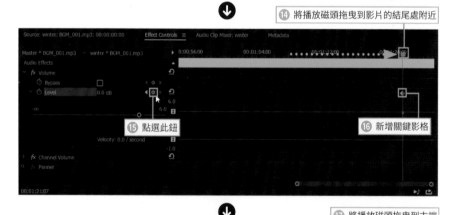

⑭ 將播放磁頭拖曳到影片的結尾處附近

⑮ 點選此鈕

⑯ 新增關鍵影格

⑰ 將播放磁頭拖曳到末端

⑱ 將滑桿拖曳至最左側

⑲ 自動新增關鍵影格

⑳ 完成淡出的設定

音訊的前端

音訊的末端

顯示了淡入的關鍵影格

顯示了淡出的關鍵影格

POINT

你可以在 Effect Controls 面板中的關鍵影格上左右拖曳，藉此改變淡入、淡出的位置與時間。此外，也可以在時間軸拖曳視訊裡的關鍵影格。

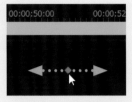

左右拖曳關鍵影格可調整淡入／淡出的位置

POINT

上下左右拖曳時間軸裡的關鍵影格，可調整 Level 與時間。

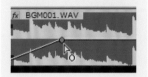

TIPS　移動與刪除鍵影格

在 **Effect Controls** 面板的時間軸所設定的關鍵影格，可任意移動或是刪除。底下我們將示範變更音量的關鍵影格位置或是刪除關鍵影格。

移動關鍵影格

左右拖曳可調整關鍵影格的位置。

❶ 選取關鍵影格

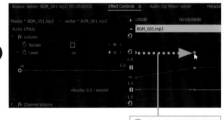

❷ 向右拖曳調整位置

刪除關鍵影格

按下 **Add／Remove Keyframe**（新增 / 刪除關鍵影格）鈕，可刪除多餘的關鍵影格，當然也可新增關鍵影格。

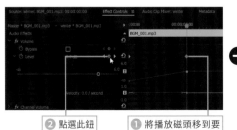

❷ 點選此鈕

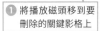

❶ 將播放磁頭移到要刪除的關鍵影格上

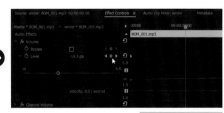

❸ 刪除關鍵影格了

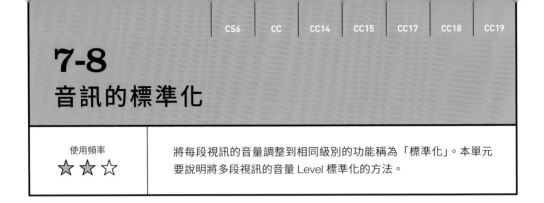

7-8
音訊的標準化

使用頻率	將每段視訊的音量調整到相同級別的功能稱為「標準化」。本單元
★ ★ ☆	要說明將多段視訊的音量 Level 標準化的方法。

將多個音訊標準化

視訊的音量會受拍攝現場狀況而出現不同的音量級別，有些視訊的音量會特別大聲，有些會較小聲。要將這些音量的級別處理成一致，就稱為「標準化」。

 點選序列

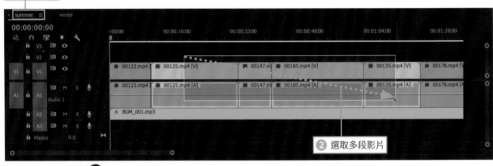

② 選取多段影片

③ 執行 Clip → Audio Options → Audio Gain 命令

④ 選擇此項　　⑤ 將參數設為 0db　　⑥ 按下 OK 鈕

POINT

要選取多段連續排列在一起的影片片段，可按住 [Shift] 鍵後再點選；若要選取不連續排列的影片片段，則先按住 [Ctrl] 鍵後，再一一點選。

TIPS　「Audio Gain」交談窗的選項說明

底下將說明 Audio Gain 交談窗的各個選項。

- **Set Gain to:** 將 Gain 指定為特定值。
- **Adjust Gain by:** 可增減指定 Gain 的 DB。
- **Normalize Max Peak to:** 可指定最大峰值時的 Gain。
- **Normalize All Peaks to:** 將所有選取影片的峰值 Gain 調整為指定的 Gain。
- **Peak Amplitude:** 可指定影片的音訊波形最高點，不過無法在選取多個影片時指定。

POINT

音訊常會使用「Level」與「Gain」這兩個字，雖然都與音量有關，卻有下列的差異。

Level：代表音量高低的數值，也代表整體的音量高低。

Gain：相對於輸入的電子訊號的輸出比率。單位為 db(分貝)。音量數值愈高級別愈高，數值愈低則級別愈低。

TIPS　在「Project」面板執行標準化處理

標準化處理不只可套用在序列的影片上，還可以套用在 **Project** 面板管理的素材影片。

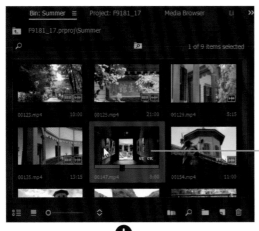

①點選影片 (可點選多個影片)

②點選此命令

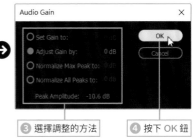

③選擇調整的方法

④按下 OK 鈕

7-9
「Audio Clip Mixer」面板

使用頻率	可針對每個影片片段調整音量的功能就是 Audio Clip Mixer。本單元要說明 Audio Clip Mixer 面板的功能與結構。
★★☆	

「Audio Clip Mixer」面板的結構

　　Premiere Pro CC 內建的 Audio Clip Mixer 面板在 Premiere Pro CC 2014 版之後仍然可用，傳統的 Audio Track Mixer 面板也保留著（參見 7-11 單元），Audio Clip Mixer 面板是由多個音軌的 Level 儀表板、音量調整鈕與 Pan/Balance 鈕所組成。

面板選單
開啟 Audio Clip Mixer 面板的選單

- Close Panel
- Undock Panel
- Close Other Panels in Group
- Panel Group Settings
- ✓ Keyframe Mode Latch
- Keyframe Mode Touch
- Toggle Control Surface Clip Mixer Mode

序列名稱
目前在時間軸選取的序列。

Pan/Balance Control
調整音源的左右平衡。

靜音軌道
暫時關閉音軌的聲音。

獨奏軌道
可以只播放啟用的音軌，並讓其他的音軌暫時關閉。

寫入關鍵影格
依據 Level 的上下位置變化，記錄到影片中作為關鍵影格。

Channel Volume
在立體聲的情況下，可針對左右聲道調整 Level。在儀表板中按下滑鼠右鍵，從中選擇 Show Channel Volume 就會顯示滑桿。

- Show Valleys
- ✓ Show Color Gradient
- • Dynamic Peaks
- Static Peaks
- ✓ Show Peaks
- Show Channel Volume

POINT

序列的軌道若沒有音訊，混音器對應的聲道就不會啟用，如圖中的「Audio3」。

顯示 db Level
以數值顯示增益的級別。可在此直接輸入數值做設定。

軌道名稱
與軌道編號對應。

音量調整鈕／VU 儀表
顯示各軌道的 Gain 級別。可利用音量調整鈕讓音量的峰值不會超出儀表的紅色區域。

7-10
利用 Audio Clip Mixer 調整音量

使用頻率

★ ★ ☆

Audio Clip Mixer 面板可利用音量調整鈕調整影片的音量 Level。
本單元要說明利用 Audio Clip Mixer 調整音量的方法。

調整音量 Level

在此要用 Audio Clip Mixer 針對配置在相同軌道的影片調整音量。此外，若是想調整整個軌道的 Level，可改用「音軌混合器」，操作方法是相同的。

② 將播放磁頭移到影片上

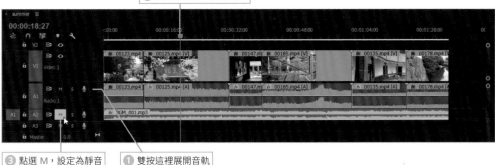

③ 點選 M，設定為靜音　　① 雙按這裡展開音軌

TIPS 利用面板設定靜音

若不想調整「A2」軌道的音訊，可先設定為靜音，此時 Audio Clip Mixer 也不會顯示該軌道的 Level 儀板表。此外，也可直接在面板上設定靜音。

點選 M 即可設為靜音

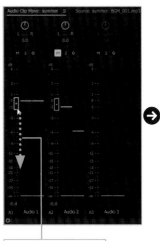

④ 將音量調整鈕往下拉

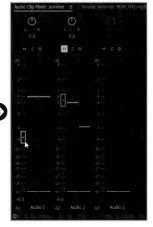

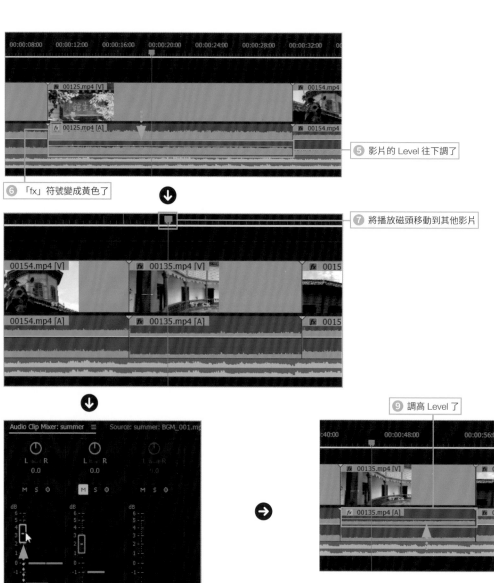

⑤ 影片的 Level 往下調了

⑥ 「fx」符號變成黃色了

⬇

⑦ 將播放磁頭移動到其他影片

⬇

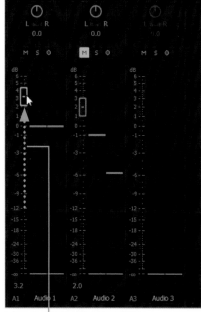

⑧ 以相同的操作拉高音量調整鈕

➡

⑨ 調高 Level 了

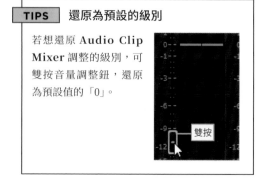

TIPS 還原為預設的級別

若想還原 Audio Clip Mixer 調整的級別,可雙按音量調整鈕,還原為預設值的「0」。

雙按

7-11
「Audio Track Mixer」面板

使用頻率

★ ★ ☆

Audio Track Mixer（音軌混合器）面板與 Audio Clip Mixer 面板雖然相似，但編輯的對象是整個軌道，可使用自動化功能調整 Level。

「Audio Track Mixer」面板的功能

Audio Track Mixer 面板可用來調整音軌的 Level、錄製旁白以及將效果套用到軌道。此外，還能混合多個軌道的音訊。面板的基本結構與操作和 Audio Clip Mixer 大同小異，在此將說明一些比較不同的功能。執行 Window → Audio Track Mixer 命令，即可開啟此面板。

Ⓐ 輸入裝置
選擇錄音時的輸入裝置。

Ⓑ 顯示或隱藏效果器
想在音軌混合器設定效果時使用。

Ⓒ 輸出軌道
選擇與顯示輸出的軌道。

Ⓓ 自動化模式
從選單中選擇要套用的選項（參考右表）。

Off
Read
Latch
Touch
Write

Ⓔ 傳輸控制器
這 6 個按鈕由左至右依序為「移到入點」、「移到出點」、「播放」、「從入點到出點播放視訊」、「循環」、「錄製」，可用來控制視訊。

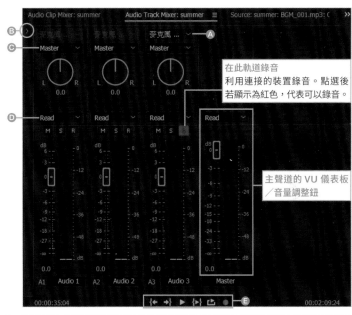

在此軌道錄音
利用連接的裝置錄音。點選後若顯示為紅色，代表可以錄音。

主聲道的 VU 儀表板／音量調整鈕

TIPS　剪裁指示器

當 Level 大於 0db，（這種操作稱為「剪裁」），Level 指示器上方的「剪裁指示器」會亮起紅燈。

自動化	功能
Off	忽略每個軌道所儲存的設定。
Read	讀取軌道的自動化設定，可用來控制整個軌道。若軌道沒有自動化的設定，調整音量這類的選項後，該設定就會影響整個軌道。
Latch	與 Write（寫入）功能相同，但是若沒有開始調整值，就不會利用「自動化功能」寫入設定。
Touch	與 Write（寫入）功能相同，但是若沒有開始調整值，就不會利用「自動化功能」寫入設定。此外，當您完成調整（例如：不再拖曳音量調整鈕時），就會自動還原為之前的自動化設定。
Write	即時將音量調整鈕設定的Level當成自動化設定寫入。會在播放軌道的同時寫入。

7-12
顯示 Effects ／ Sends

使用頻率	要在軌道設定效果時，可從 Audio Track Mixer 面板設定與選擇
★ ★ ☆	效果，而且也能選擇套用效果的位置。

開啟「Effects and Sends」設定畫面

要在軌道設定效果或是選擇套用的軌道時，點選 Show／Hide Effects and Sends 鈕，即可開啟設定畫面。

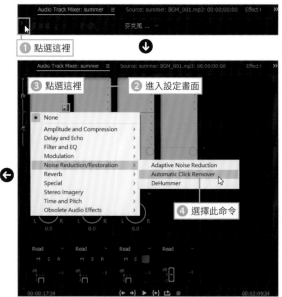

① 點選這裡

② 進入設定畫面

③ 點選這裡

④ 選擇此命令

以套用效果為例，點選 fx 區的▼，即可從效果分類選擇要套用的效果。此時會顯示效果控制器，可利用此控制器設定效果。

⑤ 進行調整

TIPS 關於子混合與發送

Audio Track Mixer 面板可使用子混合和發送進行混音。本書因版面關係，無法解說混音的操作，所以僅在此簡要說明。

子混合指的是組合序列裡特定的音軌或音軌的發送訊號所混成的軌道，可在對多個音訊軌道套用相同效果時使用。根據音軌訊號的傳送位置，各軌道都可指定 5 個發送位置。例如，要讓任何一個軌道的音訊訊號套用在子混合時，就可使用這項功能。

① 點選「傳送位置」

② 選擇發送位置

TIPS 「主聲道」與「子混合聲道」

一個序列一定有一個主聲道，而我們可以組合序列裡的所有音訊再輸出。換言之，所有的軌道都可以混合成能統一控制的軌道。子混合軌道是介於音訊軌道與主聲道之間的軌道，在音訊軌道中選取多個特定的軌道，就能同時控制這些軌道。

此外我們可依照混合軌道的目的新增多個子混合軌道。

7-13
選擇錄音裝置

使用頻率

★ ★ ☆

要在 Premiere Pro 中利用麥克風錄製旁白時，必須先啟用麥克風。

作業系統的設定

要使用麥克風錄音，必須先確認作業系統中的麥克風是否啟用。

Windows 系統

Max OS X 系統

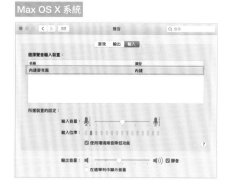

Premiere Pro 的設定

在 Premiere Pro 的 Preferences 選擇麥克風，即可啟用錄製功能。

Windows

從 Edit 功能表的 Preferences 點選 Audio Hardware。

Mac

從 Promiere Pro CC 功能表 的 Preferences 點選 Audio Hardware。

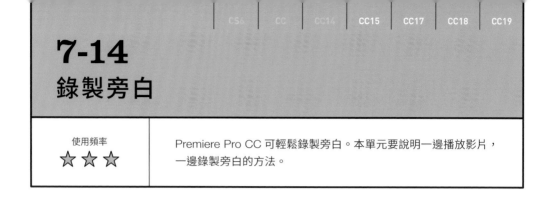

7-14
錄製旁白

使用頻率	Premiere Pro CC 可輕鬆錄製旁白。本單元要說明一邊播放影片，一邊錄製旁白的方法。
★ ★ ☆	

在序列錄製旁白

在 Premiere Pro CC 2015 之前，錄製旁白需要透過 Audio Track Mixer 面板來錄製，現在可使用序列錄音的 Voice-over record 一邊播放影片一邊錄製旁白。

① 將播放磁頭移到要開始錄音的位置

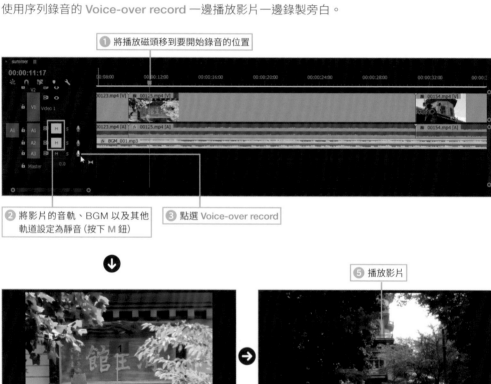

② 將影片的音軌、BGM 以及其他軌道設定為靜音（按下 M 鈕）

③ 點選 Voice-over record

⑤ 播放影片

④ 開始倒數

⑥ 開始錄音

⑦ 此時請對著麥克風說話

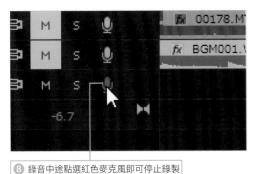

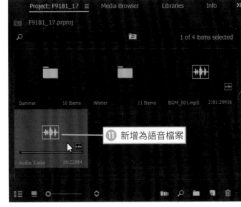

⑧ 錄音中途點選紅色麥克風即可停止錄製

⑪ 新增為語音檔案

⬇ ⬆

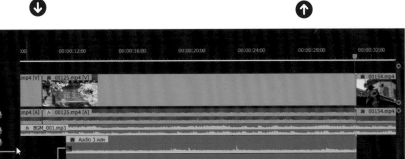

⑨ 新增了音訊　　⑩ 雙按開啟音訊

TIPS　在 Audio Track Mixer 面板錄音

在 **Audio Track Mixer** 面板也可錄製旁白。此時
請先將播放磁頭移到要開始錄音的位置,接著進行
右圖的操作,就能播放影片與錄音。若要停止錄
音,請點選 Record／Stop 鈕。

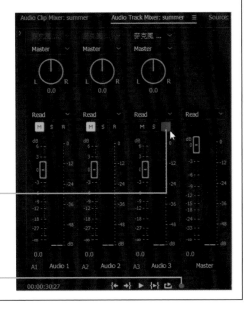

① 點選「R」鈕

② 點選 Record／Stop 鈕

以關鍵影格調整特定部位的音量

使用關鍵影格可調整 BGM 特定部位的音量。例如有多段影片時，只想調整特定影片的 BGM 音量，就可使用關鍵影格。

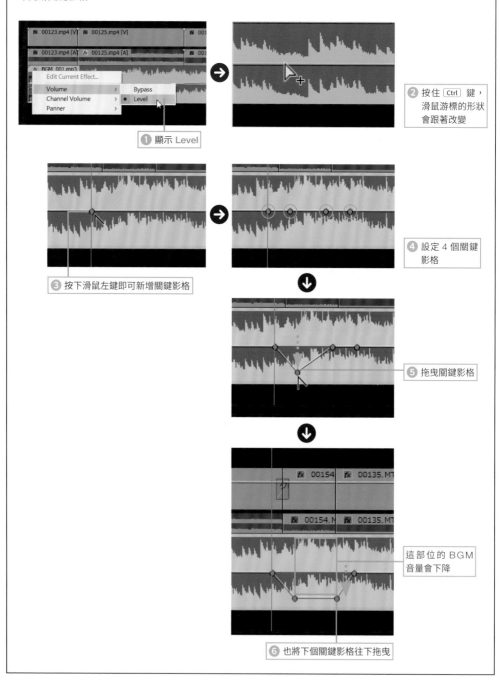

① 顯示 Level

② 按住 Ctrl 鍵，滑鼠游標的形狀會跟著改變

③ 按下滑鼠左鍵即可新增關鍵影格

④ 設定 4 個關鍵影格

⑤ 拖曳關鍵影格

⑥ 也將下個關鍵影格往下拖曳

這部位的 BGM 音量會下降

8

輸出影片檔

編輯完成的專案，可利用 Premiere Pro 輸出成各種格式的檔案。本章要介紹選擇檔案格式及從 Premiere Pro 輸出檔案方法，也會說明利用 Media Encoder 來輸出檔案。此外，還將教您將檔案上傳至 YouTube 的方法。

8-1
從 Premiere Pro 輸出檔案的方法

使用頻率 ⭐⭐☆	輸出影片有兩種方法，一種是從 Premiere Pro 直接輸出，另一種方法是使用 Adobe Media Encoder(以下簡稱「Media Encoder」) 這套專用軟體來輸出。

▍使用 Media Encoder 輸出

若選擇使用 Media Encoder 輸出，可透過 Premiere Pro 來轉傳，或是先啟動 Media Encoder，再從檔案功能表匯入 Premiere Pro 的資料。

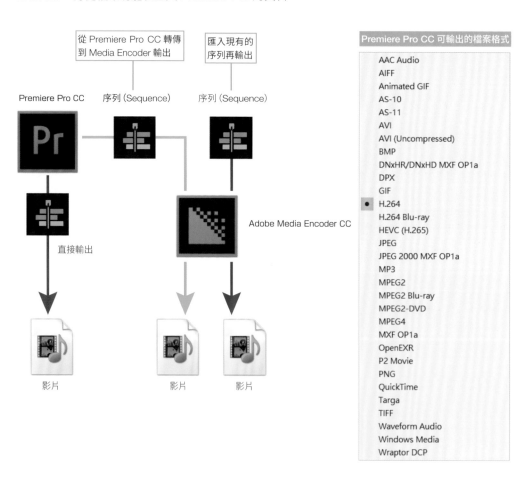

8-2
開啟「Export Settings」視窗

| 使用頻率 ★ ★ ★ | 要從 Premiere Pro 輸出影片檔，可先在 Export Settings 視窗設定輸出的方式。開啟 Export Settings 視窗時，有些需要注意的事項，請看底下的說明。 |

不選擇序列就無法開啟

要將編輯完成的序列輸出成影片檔，可先開啟 Export Settings 視窗，在其中完成相關的設定後再輸出。開啟 Export Settings 視窗時，必須先選擇要輸出的序列，或點選顯示序列的面板。

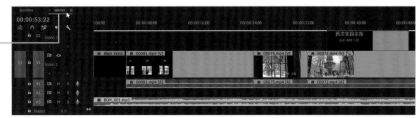

① 在此選擇序列

POINT

也可以從 Project 面板點選序列縮圖。

② 執行 File → Export → Media... 命令

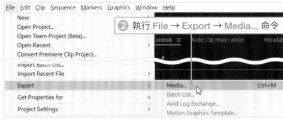

③ 開啟 Export Settings 視窗

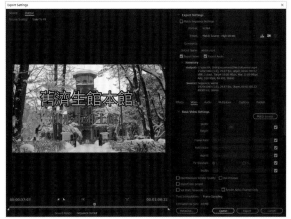

POINT

若沒有事先在 Timeline 面板點選要輸出的序列，就無法在 **②** 的操作點選 Midia... 命令。

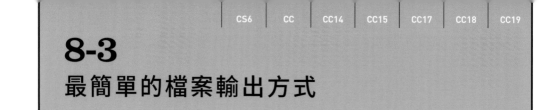

8-3
最簡單的檔案輸出方式

使用頻率	從 Premiere Pro 輸出影片檔，最簡單的方法就是沿用與影片相同的設定，這樣就不需要進行太複雜的設定。
★ ★ ☆	

使用「Match Sequence Settings」輸出

要從 Premiere Pro 輸出影片檔，必須在 Export Settings 視窗設定相關選項，但如果對視訊的檔案格式不熟，可能無法正確設定。此時，最簡單的方法就是使用與影片檔（序列）相同的設定輸出。

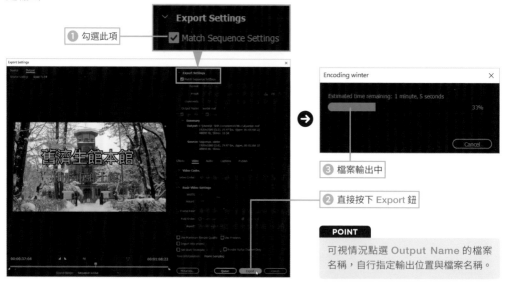

❶ 勾選此項

❸ 檔案輸出中

❷ 直接按下 Export 鈕

POINT

可視情況點選 Output Name 的檔案名稱，自行指定輸出位置與檔案名稱。

TIPS 有關「Sequence Settings」

如同 2-18 頁的說明，序列設定與編輯中的影片是相同格式。在 **Project** 面板的影片縮圖按下滑鼠右鍵，從選單中點選 **Properties**，就能確認影片的格式。

此外，序列設定也可以從 **Sequence** 功能表點選 **Sequence Settings** 來確認。

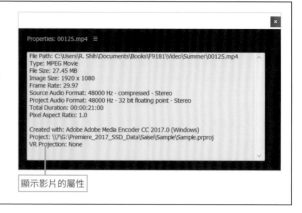

顯示影片的屬性

8-4
以「H.264」格式輸出影片檔

使用頻率	本單元要介紹以「H.264」高解析度影片格式輸出高畫質影片的方
★ ★ ☆	法，操作步驟如下圖所示。

① 點選要輸出的序列

POINT

步驟 ① 的操作必須先在 Timeline 面板選擇要輸出的序列，否則無法點選 Media...。

② 執行 File → Export → Media... 命令

Import Batch List...	
Import Recent File	▶
Export	▶
Get Properties for	▶
Project Settings	▶
Project Manager...	

Media...	Ctrl+M
Batch List...	
Avid Log Exchange...	
Motion Graphics Template...	
Captions...	

檔案的輸出設定

在時間軸編輯影片後，可替影片設定輸出選項。在此我們要說明從 Export Settings 面板輸出「H.264 格式」的步驟。

① 開啟 Export Settings 面板

② 點選 Format 下拉列示窗

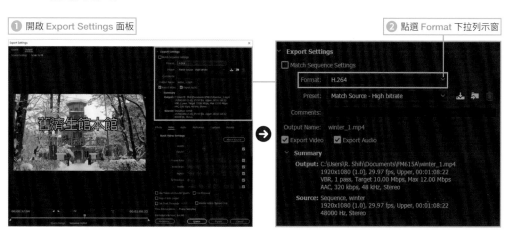

③ 從 Format 列示窗中選擇 H.264 格式

④ 點選 Preset 中的 HD 1080p 29.97

⑥ 點選 Output Name 的檔案名稱

⑤ 確認勾選了 Export Video 及 Export Audio 選項

⑦ 切換到要儲存影片的資料夾

⑧ 輸入檔案名稱

⑨ 按下存檔鈕

⑩ 在 Summary（摘要）中會顯示設定內容

⑪ 切換到 Video 頁次

⑫ 視情況設定寬、高、影格速率、…等選項

Render 與 Encode

Render 指的是將影片、文字、音訊這些資料統整成單一影片的作業。

Encode(編碼)是指將 Render 過的影片轉換成指定格式再輸出的作業。

POINT

選擇以藍光光碟(Blu-ray)或 DVD 格式輸出,可單獨輸出影片與聲音資料,也可以輸出成「Adobe Encore CS6」這套專門製作 DVD 軟體用的資料。畫面中的「.m2v」是影片檔案,「.wav」是聲音檔案。

winter_1.m2v　winter_1.wav　winter_1.xmp

⑬ 按下 Export 鈕

⑭ 正在進行 Render

TIPS **關於「.xmp」檔案**

副檔名為「.xmp」的檔案記錄了各種與檔案有關的資料。基本上,播放影片是不需要這些資料的,不過可在「Adobe Encore CS6」這套軟體中使用。

TIPS **「H.264」格式可選擇的預設集**

「H.264」是目前網路的標準檔案格式,而且也有許多相關的預設集,包括可以在 iPhone、Android 或 YouTube 上使用的預設集。

⑮ 開始編碼

⑯ 輸出的檔案　　winter.mp4

TIPS **MPEG-4 AVC/H.264**

H.264 是 ITU(國際電信聯盟)推薦的影片壓縮技術之一,同時也是 ISO(國際標準化組織)認定的影片壓縮技術 MPEG-4 的一部份,目前建議使用「MPEG-4 Part 10 Advanced Video Coding」名稱。因此,通常會寫成「MPEG-4 AVC/H.264」或「H.264/AVC」。

從手機這類速度較慢、畫質較低的通訊用途到高品質的電視影像這類速度較快、畫質較高的用途,都已廣泛應用 H.264 這項技術,也成為數位電視、iPhone、PSP,這類智慧型手機、電視遊樂器的標準影片格式,是應用非常廣泛的壓縮技術。MPEG-4 的特色是能保有與 MPEG-2 相同的畫質,卻只要 MPEG-2 一半的檔案容量。目前「H.265」新一代的檔案格式也已經開始廣為使用。

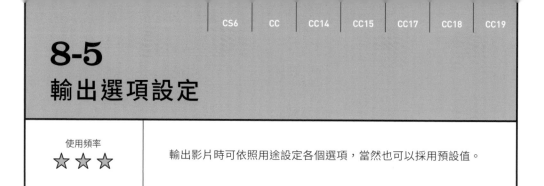

8-5
輸出選項設定

使用頻率
★ ★ ☆

輸出影片時可依照用途設定各個選項,當然也可以採用預設值。

可設定的選項面板

在 Export Settings 視窗中設定好輸出的檔案格式與預設集,就會依照設定值,顯示不同的選項面板。

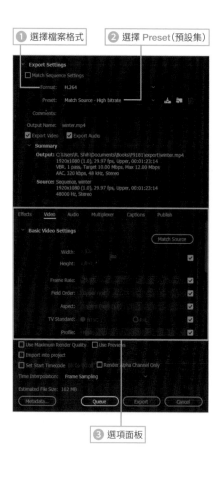

① 選擇檔案格式　② 選擇 Preset(預設集)

③ 選項面板

▶ 切換面板

直接點選頁次名稱就可切換到不同的選項設定。舊版 Premiere 視窗若顯示畫面比較小,可點選面板選單的 >> 來切換面板。

點選頁次名稱即可切換

▶「Effects」面板

Effects 面板可對要輸出的影片套用 Lumetri Look 效果,也可以在影片上疊加文字或時間碼。

▶「Video」面板

可依照在 Format 選擇的檔案格式設定不同選項。此外,可設定的選項會隨著所選的預設集或檔案格式而不同。

▶「Audio」面板

此面板可設定的選項會依選擇的預設集而有不同。可在此設定音訊格式、採樣率與音訊品質等選項。

▶「Multiplexer」面板

Multiplexer 是將音訊與視訊合成單一檔案的選項。

此外，由音訊與視訊合成的檔案稱為「傳輸串流」，而視訊與音訊分離的檔案格式稱為「基本串流」。可選擇的選項會隨著選用的 MPEG 格式而有不同。

▶「Captions」面板

Premiere Pro CC 可輸出隱藏式字幕。要在影片輸出隱藏式字幕可透過這個面板設定。

▶「Publish」面板

可將輸出的影片檔上傳至 FTP 伺服器。若要將影片上傳至 YouTube 可參考單元 8-7 的說明。

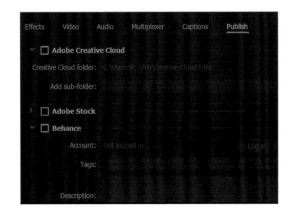

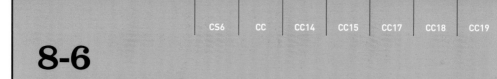

8-6
輸出多個序列

| 使用頻率 ★ ★ ☆ | 序列的軌道可再配置另外的序列。由於可配置多個序列,所以可先合併序列再輸出。 |

將序列當成影片配置／輸出

可在序列上配置多個序列,然後當成單一影片輸出。

1 配置多個序列

將 Project 面板的序列配置到 Timeline 面板,配置新的序列。

① 選擇序列

② 拖曳序列

③ 會根據剛剛拖曳的序列新增序列,而序列也會被當成影片配置

④ 配置多個序列

⑤ 可視情況變更序列名稱

2 輸出序列

選擇將多個序列當成影片的序列再輸出檔案。

⑥ 進行各項輸出設定

⑦ 拖曳播放磁頭確認內容

⑧ 按下 Export 鈕

TIPS 指定輸出範圍

調整**入點**與**出點**，可設定
與變更輸出範圍。

8-7
將影片發佈到 YouTube

使用頻率	
☆☆☆	Premiere Pro CC 可從 Export Settings 視窗直接將序列上傳至 YouTube 這類社群網站。本單元將說明如何將影片上傳至 YouTube 的方法。

從 Premiere Pro CC 上傳影片至 YouTube

接下來我們要將 Premiere Pro CC 編輯的序列上傳至 YouTube，並發佈此影片。這些操作都可在 Premiere Pro CC 內完成。

▶ 在「Export Settings」視窗中設定

Export Settings 視窗的 Export Settings 設定區，可選擇檔案格式及預設集。只要選擇與序列相同的設定，就能發佈高畫質影片。不過，若是勾選 Match Sequence Settings 項目，就無法使用上傳功能，所以此範例不勾選。

❶ 選擇要上傳的序列，執行 File → Export → Media…

❷ 在此選擇輸出格式

❸ 選擇預設集

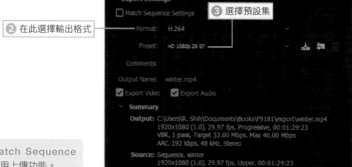

POINT

再次提醒，若勾選了 Match Sequence Settings 選項，就無法使用上傳功能。

④ 切換到 Publish 頁次

⑤ 往下捲動畫面，勾選 YouTube

⑥ 按下 Long In 鈕（或 Sign In）登入 YouTube 帳號

POINT

如果還沒有 YouTube 帳號，請先申請一組 Google 帳號，就可以連帶使用 YouTube 了。

⑦ 如果在登入時顯示此畫面，請按下允許鈕

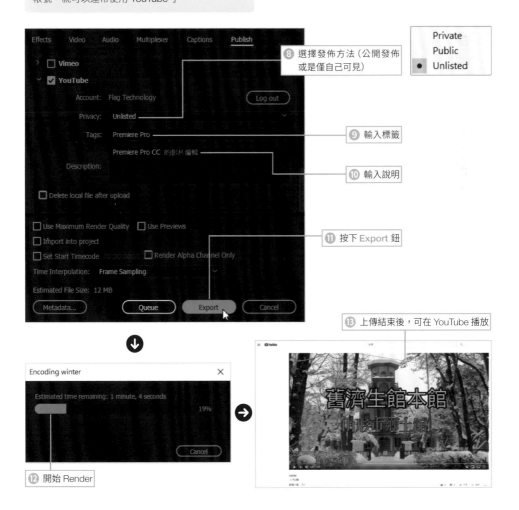

⑧ 選擇發佈方法（公開發佈或是僅自己可見）

⑨ 輸入標籤

⑩ 輸入說明

⑪ 按下 Export 鈕

⑫ 開始 Render

⑬ 上傳結束後，可在 YouTube 播放

8-8
利用「Project Manager」分享專案

使用頻率 ★★☆	要在其他電腦編輯目前的專案，或是讓其他使用者以不同的電腦編輯 Project，可利用 Project Manager 功能將影片與專案檔分享給其他使用者。

與多位使用者分享專案

File 功能表（CS6 為 Project 功能表）的 Project Manager 可打包專案裡的各種影片與專案檔案，再輸出到資料夾。只要複製這個資料夾，就能在其他電腦（不論是 Windows 還是 Mac）都可以繼續編輯。

▶ **輸出專案**

② 選擇要輸出的序列　③ 選擇如何收集 Preset

④ 細部選項設定（維持預設值即可）

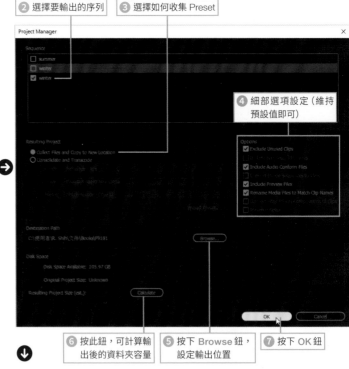

① 選擇此命令

⑥ 按此鈕，可計算輸出後的資料夾容量　⑤ 按下 Browse 鈕，設定輸出位置　⑦ 按下 OK 鈕

⑧ 若專案尚未儲存，可按 Yes 鈕儲存　⑨ 正在輸出檔案

⑩ 輸出資料夾了

copy_Saisei_2

⑪ 資料夾中儲存了專案檔案與影片素材

▶ 匯入剛才輸出的專案

一般來說，若不是原本編輯專案的電腦，要開啟相同的專案有可能得重新設定路徑或是重新設定檔案的連結，但如果是以 Project Manager 輸出的專案檔案，就能在任何路徑下開啟。

底下我們試著用 Mac 電腦讀取剛才從 Windows 輸出的專案！

❶ 選擇要開啟的專案檔案　　❷ 點選這裡

❸ 重現 Windows 的編輯狀況

8-9
從 Premiere Pro 啟動 Media Encoder

使用頻率	Media Encoder 是專門用來輸出影片的應用程式，只要安裝 Premiere Pro 就會自動安裝 Media Encoder。讓我們了解如何啟動這套程式。
★ ★ ★	

啟動 Media Encoder

Media Encoder 的啟動非常簡單。在 Premiere Pro 中開啟 Export Settings 面板，選擇輸出格式後，按下 Queue 鈕，即可啟動 Media Encoder。

① 勾選 Match Sequence Settings 選項

② 按下 Queue 鈕

③ 一邊匯入 Premiere Pro 的輸出設定，一邊啟動應用程式

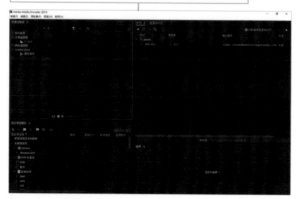

TIPS 變更輸出設定

啟動 Media Encoder 後，會套用 Premiere Pro 的輸出設定。此時點選**佇列**面板中的**格式**、**預設集**、**輸出檔案**可開啟 Premiere Pro 的 **Export Settings** 面板，重新設定內容。

8-10
在 Media Encoder 輸出影片

使用頻率 ★ ★ ☆	Media Encoder 不僅可輸出來自 Premiere Pro 的檔案，也可當成 After Effects、Audition、Character Animator 或 Creative Cloud 的視訊檔案的編碼引擎使用。

以多種預設集輸出

Media Encoder 除了可採用 Premiere Pro 的輸出設定，也可新增預設集，同時輸出多種檔案格式的影片。我們試著新增「Facebook」與「DVD」的預設集吧！

① 媒體瀏覽器　③ 佇列清單　② 預設集瀏覽器　④ 編碼

⑤ 展開這裡

⑥ 選擇預設集

⑦ 拖曳至此

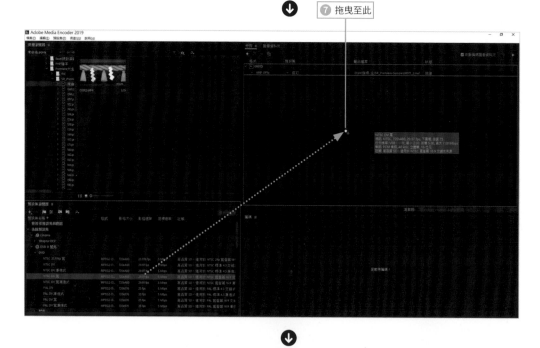

⑧ 新增預設集

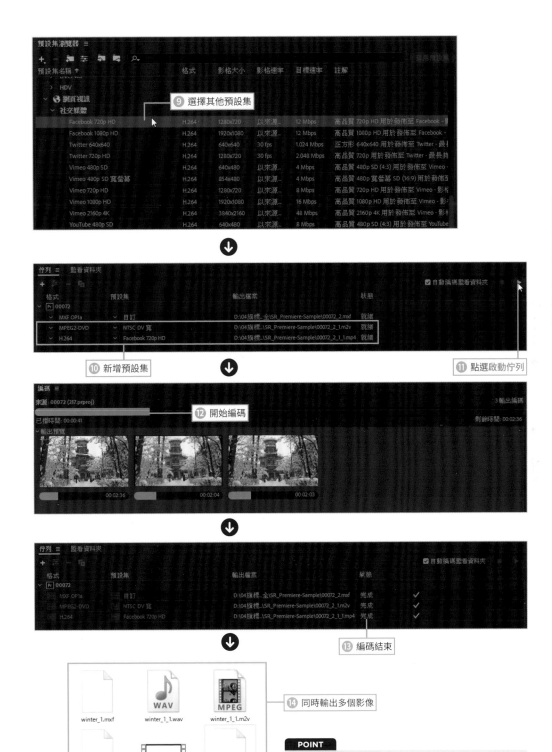

⑨ 選擇其他預設集

⑩ 新增預設集

⑪ 點選啟動佇列

⑫ 開始編碼

⑬ 編碼結束

⑭ 同時輸出多個影像

winter_1.mxf

winter_1_1.wav

winter_1_1.m2v

winter_1_1.xmp

winter_1_1.mp4

winter_1.mxf.xmp

POINT

這次會啟動同時輸出三個影片檔的編碼作業。此外，
不同預設集的檔案格式需要不同的編碼時間。

以多個輸出設定執行輸出作業

這次要挑戰從 Premiere Pro 傳送多個輸出設定再輸出檔案。

① 從序列設定輸出設置

② 按下此鈕

③ 回到 Premiere Pro

④ 從其他的序列設定輸出設置

⑤ 按下此鈕

⑦ 點選啟動佇列開始編碼

⑥ 新增多個輸出設定

TIPS　轉換硬碟中的檔案

Media Encoder 還有一個很方便的功能，那就是可以將硬碟中的影片檔轉換成其他檔案格式。

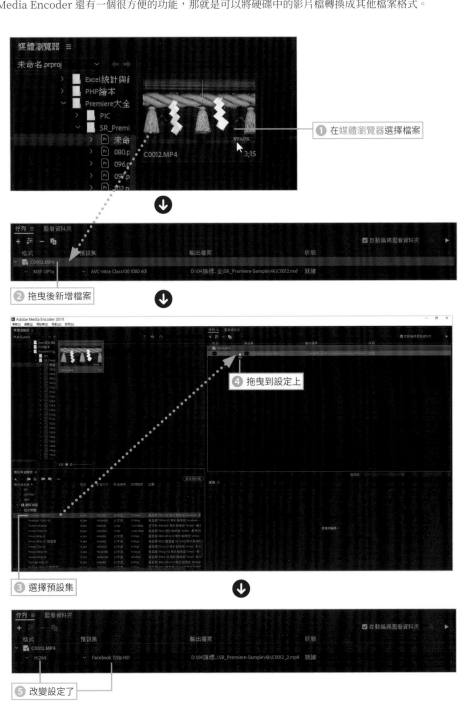

① 在媒體瀏覽器選擇檔案

② 拖曳後新增檔案

③ 選擇預設集

④ 拖曳到設定上

⑤ 改變設定了

Premiere Pro CC 目前尚未搭載製作 DVD 影片與 Blu-ray 光碟的功能，不過只要安裝舊版的 Premiere Pro CS6，就能一併安裝 **Adobe Encore CS6** 這套應用程式，只要使用這套應用程式就能製作 DVD 影片與 Blu-ray 光碟。

此外，Premiere Pro CS6 可從 Creative Cloud 的網站點選 **Apps**，從頁面的**其他版本**安裝。如果已經安裝了 Premiere Pro CC 2019，還是可以安裝 Premiere Pro CS6，之後再刪除程式即可。

① 點選這裡

② 點選這裡，安裝
Premiere Pro CS6

③ 啟動 Adobe Encore CS6

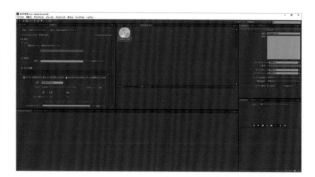

CHAPTER 9

編輯 VR 影片

最近廣受矚目的影片就是「VR 影片」及「360 度環
景影片」，只要在畫面上拖曳，就能像親臨現場一樣
環顧四周的景色。使用 VR 攝影機拍攝的影片，可以
在 Premiere Pro CC 2015 之後的版本剪輯。本章我
們要教您將文字標題、插圖與視訊嵌入 VR 的方法，
請大家盡情享受 VR 影片的樂趣吧！

9-1
關於 VR 影片

使用頻率	VR 影片是「Virtual Reality」的縮寫，指的是使用者能一邊播放一邊自由切換角度的影片。接下來就帶大家認識 VR 影片。
☆ ☆ ☆	

VR 影片

「VR」是「Virtual Reality」的縮寫，意思是「虛擬實境」。具有 VR 性能的影片也稱為「VR 影片」、「360 度影片」、「VR 視訊」。為方便後續的說明，本書通稱這些影片為「VR 影片」。

本書作者所製作的 VR 影片已上傳到 YouTube，你可以連到右圖的網址，體驗一下 VR 的樂趣。只要在 VR 影片中拖曳，即可 360 度全方位改變角度

https://youtu.be/7yacJN1ZdZg

在畫面內拖曳，就能 360 度調整觀看角度

 >>  >>

9-2
拍攝 VR 影片的設備

使用頻率	要拍攝 VR 或環景 360 影片需要使用專門的攝影機,本單元將介
★ ★ ☆	紹幾款市售的主流攝影機。

360 度攝影機

　　要拍攝環景影片,必需使用「360 度環景攝影機」來拍攝,這類攝影機有適合入門者的幾千元機種,也有適合商業拍攝的數十萬元機種。

▶ RICOH THETA 系列

　　右圖是 RICOH 的 360 度攝影機,其產品主要型號有:RICOH THETA Z1、RICOH THETA V、RICOH THETA SC、RICOH THETA S、RICOH THETA m15 這些型號,價格約從 8,000～15,000 之間。其中 RICOH THETA S 及 RICOH THETA m15 算是入門機種,也有許多免費的應用程式可使用。本書範例是以 RICOH THETA S 拍攝。

RICOH 的首頁,有許多環景示範影片,您可以點開影片體驗看看

▶ Samsung Gear 360

　　右圖是 Samsung 的 360 度攝影機,定價為 7,990 元,其造型小巧可愛方便拿握,適合隨身攜帶,電池容量最久可用 130 分鐘左右,也支援 256GB 的 micro SD。

▶ Entaniya

　　可拍攝 4K／8K 的商用 VR 攝影機,價位約從 58,000 日幣到 95,000 日幣。相關產品資訊,可連到以下網址查看:

http://products.entaniya.co.jp/en/products/hal-250200/equipment-360-vr-video/

https://www.samsung.com/tw/wearables/gear-360-2017-r210/

CHAPTER 9　編輯 VR 影片

9-3
瀏覽 VR 影片

使用頻率 ★ ★ ☆	想要身歷其境地觀看 VR 影片，必須使用支援 VR 的播放軟體，或是配戴專門的裝置。

瀏覽 VR 影片的軟硬體設備

VR 影片可透過拖曳畫面來改變角度，進行互動性的操作，所以播放這類影片時，需要有支援 VR 的播放軟體或硬體。我們來看看需要哪些軟、硬體裝置！

▶ **透過軟體播放**

購買 VR 攝影機或環景 360 相機時，通常會隨附播放軟體，不過若想讓更多人瀏覽影片，建議發佈到 YouTube 或 Facebook，這兩個社群網站都支援 VR 影片的播放。

▶ **透過硬體播放**

要利用硬體播放 VR 影片，可使用虛擬實境專用的眼鏡或頭戴顯示器（以下簡稱「HMD」）。這些裝置會利用感測器偵測傾斜度與加速度，可隨著身體的動作調整影片角度，讓使用者充份體驗 VR 影像。此外，也有類似 hacosco 這類以瓦楞紙製作的 VR 眼鏡。只要將智慧型手機裝在上面就能觀看 VR 影片，價格約 500 元以下。

https://store.sony.com.tw/product/HMZ-T3W

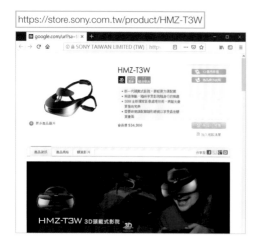

https://hacosco.com/vr-goggle/

9-4
準備 VR 影片

使用頻率	以 VR 攝影機拍攝的影片無法直接在 Premiere Pro CC 編輯，必須
★ ★ ☆	使用攝影機隨附的軟體轉換成 Premiere Pro CC 可編輯的格式。

利用 VR 攝影機拍攝

本書我們使用的 VR 攝影機為「RICOH THETA S」。以這款 VR 攝影機拍攝的 360 度影片會如圖所示，以兩個球形呈現，但這個狀態的影片是無法在 Premiere Pro CC 中編輯。Premiere Pro CC 支援的是等距柱狀投影法 (Equirectangular Projection) 的格式。

以「RICOH THETA S」拍攝的影片

轉換成等距柱狀投影法後的影片

TIPS　等距柱狀投影法 (Equirectangular Projection)

等距柱狀投影法是地圖投影法的一種。根據維基百科的說法，這種投影法的緯線與經線呈直角交叉，而且彼此等距，又被稱為「方眼格法」或「正方形圖法」。你可以想像成將緯度／經度置換成地圖的長寬。

取得軟體

　　要轉換成等距柱狀投影法格式可從 VR 攝影機的官方網站下載轉檔軟體。「RICOH THETA S」的轉檔軟體分成智慧型手機版與桌上型電腦版，請下載電腦版的轉檔軟體。點選基礎應用程式的下載鈕，這套軟體可用來播放 VR 影片以及將影片轉換成等距柱狀投影法格式的檔案。

安裝基礎應用程式後，
會在桌面建立程式捷徑

請下載並安裝基礎應用程式

轉換檔案格式

　　要將影片轉換成等距柱狀投影法格式，請先開啟剛才安裝好的 RICOH THETA 轉換軟體，接著再將影片檔案拖曳到畫面中即可。

② 啟動 RICOH THETA 轉換軟體

① 準備檔案

R0010201.MP4

③ 將檔案拖曳到畫面中

本範例是以「RICOH THETA S」所拍攝，其格式為「1920×1080」的高畫質影片。

在檔案按右鍵，從選單中點選內容即可瀏覽檔案資訊

④ 設定輸出檔案的位置

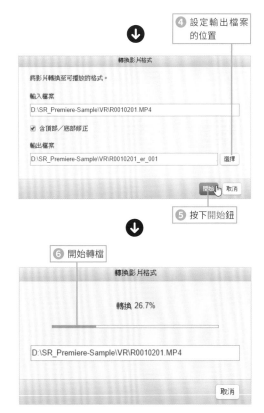

⑤ 按下開始鈕

⑥ 開始轉檔

轉換成「等距柱狀投影法格式」的檔案會自動在檔案名稱加上「_er」。舉例來說，「R0010201.MP4」會以「R0010201_er.MP4」的檔案名稱輸出。

R0010201.MP4

R0010201_er.MP4

轉換成等距柱狀投影法格式的影片

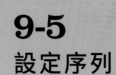

9-5
設定序列

使用頻率	在 Premiere Pro CC 編輯 VR 影片的步驟與編輯其他影片的方法一
☆☆☆	樣，都是先設定好序列再進行編輯作業。

設定編輯 VR 影片專用的序列

　　VR 影片的編輯與一般影片一樣，都是先在 Premiere Pro CC 的 **Project** 面板匯入等距柱狀投影法格式的檔案，再根據該檔案設定序列。

① 啟動 Premiere Pro CC，匯入等距柱狀投影法格式的檔案

② 雙按檔案

③ 顯示內容

TIPS　「影像大小」是指什麼？

等距柱狀投影法格式的影片會轉換成「1920×960」的影像大小，所以長寬比為「2：1」。在 **Project** 面板的影片按滑鼠右鍵，從選單點選 **Properties** 即可確認影像大小。

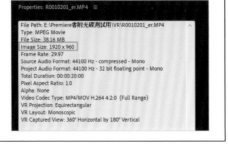

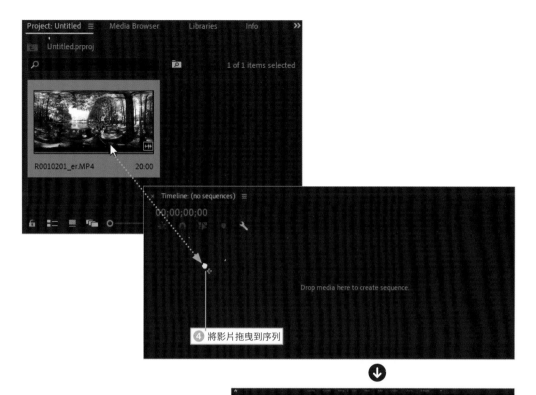

④ 將影片拖曳到序列

TIPS 「New Item」按鈕

將 **Project** 面板裡的影片拖放至面板右下角的 **New Item** 鈕，也能新增序列。

⑤ 新增序列

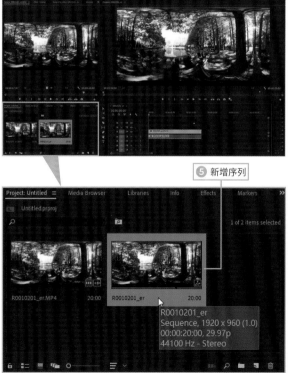

9-6
切換成 VR 模擬模式

使用頻率	
☆ ☆ ☆	要編輯 VR 影片，必須以等距柱狀投影法格式顯示影片，在此，我們將說明如何切換到此模式。

切換 VR 顯示模式

　　光是匯入等距柱狀投影法格式的影片是無法操作 VR 的，要瀏覽 VR 內容必須切換顯示模式。首先，說明透過選單切換的方法。

❶ 在 Program 面板的影片上按滑鼠右鍵

❷ 點選 VR Video

❸ 點選 Enable

❹ 切換成 VR 顯示模式

❺ 再次點選 Enable

❻ 切換成正常模式

透過按鈕切換模式

　　除了按下滑鼠右鍵從選單切換外，也可以用 Button Editor 裡的 Toggle VR Video Display 鈕切換。

1 按下 Button Editor 鈕

2 將 Toggle VR Video Display 鈕拖曳到此

3 在此新增按鈕

4 按下 OK 鈕

5 按一下此鈕，切換模式

6 按一下此鈕，切換模式

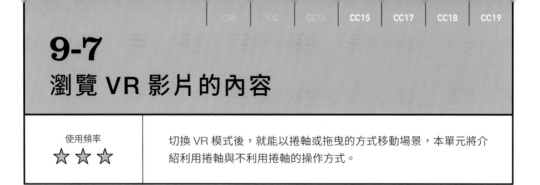

9-7
瀏覽 VR 影片的內容

使用頻率 ☆☆☆	切換 VR 模式後，就能以捲軸或拖曳的方式移動場景，本單元將介紹利用捲軸與不利用捲軸的操作方式。

瀏覽 VR

切換 VR 顯示模式後，影片右側與下方會顯示捲軸，拖曳這兩個捲軸可瀏覽整個 VR 場景。

垂直捲軸

水平捲軸

拖曳捲軸可移動畫面，預覽整個 VR 場景

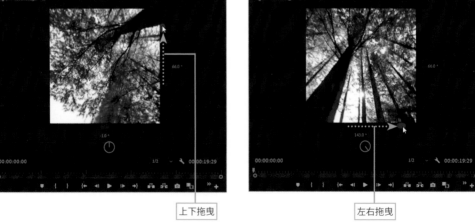

上下拖曳

左右拖曳

▶ **不使用捲軸的操作方式**

切換 VR 模式後，不使用捲軸也能操作，只要將滑鼠移到畫面上拖曳，即可任意移動。

以滑鼠左右拖曳

以滑鼠上下拖曳

TIPS 在關閉「Controls」模式下操作 VR

若在 VR 顯示模式隱藏捲軸工具列，影片的顯示範圍就會大一點。這樣一來可方便使用滑鼠拖曳畫面。

❶ 點選這裡

❷ 捲軸消失了

9-8
在 VR 影片加入文字

使用頻率 ★ ★ ★	這個單元將說明在 VR 影片加入文字的方法。輸入文字的方法除了使用本章介紹的 Type Tool 工具，也可以參考第 6 章的方法。

▌輸入文字

VR 影片也可以加上標題文字。詳細的輸入與美化方法可參考第 6 章。

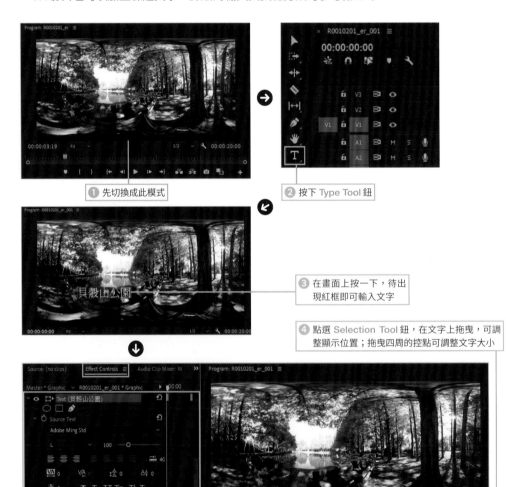

❶ 先切換成此模式

❷ 按下 Type Tool 鈕

❸ 在畫面上按一下，待出現紅框即可輸入文字

❹ 點選 Selection Tool 鈕，在文字上拖曳，可調整顯示位置；拖曳四周的控點可調整文字大小

❺ 可在 Effect Controls 面板設定標題文字屬性

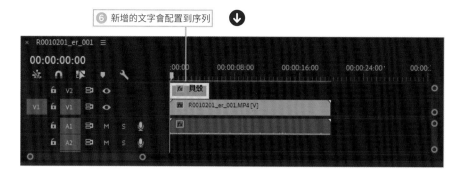

⑥ 新增的文字會配置到序列

⬇

⑦ 調整標題的持續時間

⬇

⑧ 切換到 VR 顯示模式後，播放看看

9-9
修剪 VR 影片

使用頻率

★ ★ ★

編輯 VR 影片時，可一次配置多個 VR 影片，再修剪影片的長度

開始修剪

修剪 VR 影片的方式與一般影片相同。在此我們複製一份相同的 VR 影片並配置到序列上做示範。

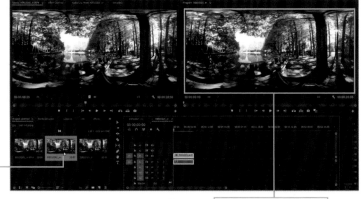

② 複製一份相同的 VR 影片，或是自行匯入 VR 影片

❶ 取消 VR 影片的 Enable

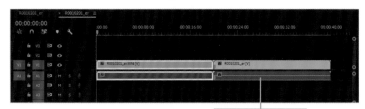

❸ 將影片拖曳到序列

❹ 修剪影片

POINT

即使修剪 VR 影片，「全天球型」範圍也不會被截斷，所以還是可以享受 360 度的 VR 影片。

9-10
在 VR 影片設定轉場效果

使用頻率	接著我們要在序列上的 VR 影片設定轉場效果。轉場效果的設定與
☆ ☆ ☆	一般影片相同。

▌設定轉場

　　在序列配置多個 VR 影片後，可試著在影片的銜接處設定轉場效果。在此以套用 Cross Dissolve（交叉溶解）為例。

POINT

在 VR 影片設定的轉場效果，基本上會在 360 度影像的中心點（視角為 0.0 度）的地方開始播放。因此，交叉溶解這類轉場效果不會有什麼問題，但是擦除類的效果，因為是從影片的中心點開始播放，所以會因為影片的角度而無法正常播放。

編註：本單元的 VR 影片礙於版權關係無法提供練習，你可以自行匯入 VR 影片或是將上個單元的影片再複製一次做練習。

① 選擇效果

② 拖曳效果後，即可套用

9-11
在「地板」中央加上 LOGO

使用頻率	拍攝 360 度的 VR 影片，有時會在正下方的地板出現拍攝者的腳
☆ ☆ ☆	或是三腳架，此時可利用特定的 LOGO 來遮住。

在 VR 影片加上 LOGO

想遮住不小心入鏡的腳架或是拍攝者，可試著在影片中疊上圖片，就可以遮住不想露出來的地方。

處理前（請轉動 VR 影片，即可看到腳架）

處理後（利用圖片遮住腳架）

▶ 製作圖片

首先，要製作配置在 VR 影片的圖片。在此要使用圓形 LOGO，請先利用 Illustrator CC 製作圖形，接著再利用 Photoshop CC 做編修。

❶ 繪製 LOGO

❷ 選擇所有物件

❸ 啟動 Photoshop CC，並執行檔案→開新檔案命令

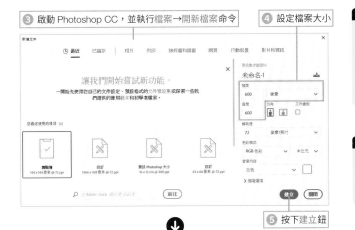

❹ 設定檔案大小

❺ 按下建立鈕

POINT

這裡設定的大小為「600×600」像素。由於是圖形的資料，所以設為正方形。此外，只要圖案的大小在影格的垂直範圍之內，後續就比較容易操作。

POINT

編註：也可以直接在 Photoshop 中開啟範例檔案「VR」資料夾的「Logo.psd」檔案來練習。

❻ 匯入在 Illustrator CC 製作的圖片

❽ 執行濾鏡→扭曲→旋轉效果命令

❼ 調整大小後，按下 Enter 鍵

POINT

貼入資料後，請將上下左右的範圍調至最大。也可將背景設為透明。

⓫ 按下確定鈕

❾ 可在此調整預覽縮圖的顯示比例

❿ 選擇旋轉效果到矩形

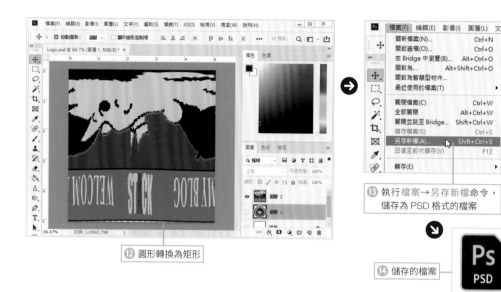

⑫ 圓形轉換為矩形

⑬ 執行 檔案→另存新檔命令，
儲存為 PSD 格式的檔案

⑭ 儲存的檔案

360_LOGO.psd

TIPS 關於「旋轉效果」濾鏡

旋轉效果濾鏡，提供以下兩種濾鏡效果：

旋轉效果到矩形
將原始圖形拓展成矩形。

矩形到旋轉效果
將原始圖形展開成甜甜圈形狀。

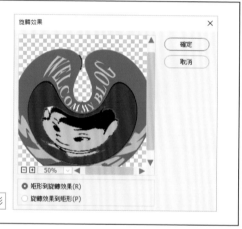

執行矩形到旋轉效果後的圖形

▶ **匯入 LOGO**

製作好 LOGO 圖形，
接著要將 LOGO 匯入
Premiere Pro CC。此
時可事先配置好 VR 影
片與設定序列。

❶ 配置 VR 影片

② 執行 File → Import 命令，匯入剛才製作好的 360_LOGO.psd

③ 按下 OK 鈕

④ 匯入 LOGO 了

▶ 與 VR 影片合成

接著將剛剛製作好的 LOGO 與 VR 影片合成吧！

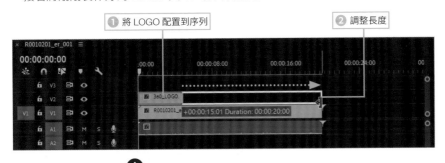

① 將 LOGO 配置到序列

② 調整長度

③ 貼入的 LOGO

④ 選擇影片

⑥ 展開 Motion 的細部選項　　⑤ 切換到 Effect Controls 面板

⑧ LOGO 旋轉了

⑦ 將 Rotation（旋轉）的參數設為「180」度旋轉 LOGO

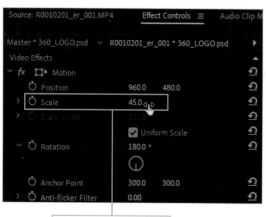

⑩ LOGO 的大小改變了

POINT

在此調整 LOGO 的大小，使其能完全遮住要隱藏的腳架。

⑨ 調整 Scale（縮放）的參數

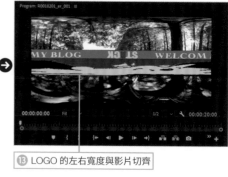

⑬ LOGO 的左右寬度與影片切齊

⑫ 調整縮放寬度　　⑪ 取消勾選 Uniform Scale

⑭ 調整 LOGO 位置

⑮ LOGO 位於畫面下緣

⑯ 啟用 VR 顯示模式

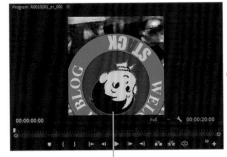

⑰ 拖曳畫面顯示地板的部份

⑱ 拖曳旋轉 LOGO

TIPS | **如何讓 LOGO 與邊緣正確對齊**

LOGO 可在調整大小後，與影片的左右與
下緣對齊，但是若有縫隙，就無法正確顯示
LOGO，此時可將 **Program** 面板的顯示比
例放大至 200%，調整至沒有縫隙為止。

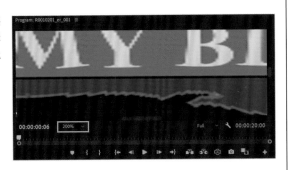

9-12
將 VR 屬性加到照片中

使用頻率	以 VR 攝影機拍攝的照片可在 Premiere Pro CC 的 VR 編輯功能使用，不過在編輯前得先在序列設定 VR 屬性。
★ ★ ☆	

▎指派 VR 屬性

　　Premiere Pro CC 的 VR 編輯功能可將 VR 照片製作成 VR 影片。只要在 Premiere Pro CC 的序列配置 VR 照片，再調整持續時間就能使用。不過，在時間軸配置 VR 照片時，必須對序列設定 VR 屬性，否則就無法編輯，也無法切換成「VR 視訊」模式。

▶ 設定序列

　　請先匯入 VR 照片，再將照片拖曳至 Project 面板右下角的 New Item 鈕，新增序列。請注意，此時還無法切換成「VR 視訊」模式。

POINT

編註：你可以開啟範例檔案「VR」資料夾的「R0010201_er.jpg」檔案來練習。

① 將 VR 照片當成影片匯入

② 雙按照片

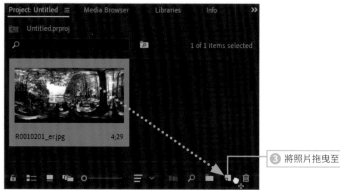

③ 將照片拖曳至 New Item 鈕

④ 新增序列

⑤ 調整持續時間

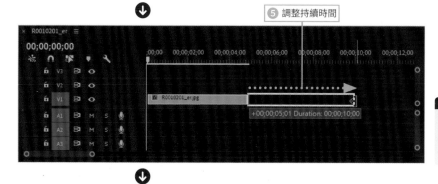

POINT

此範例將持續時間調整為 10 秒。

⑥ 目前還無法啟用「VR 視訊」

▶ 指派 VR 屬性

從 Sequence 功能表選擇 Sequence Settings，替剛剛新增的序列新增 VR 屬性，就能在 Premiere Pro CC 裡編輯 VR。

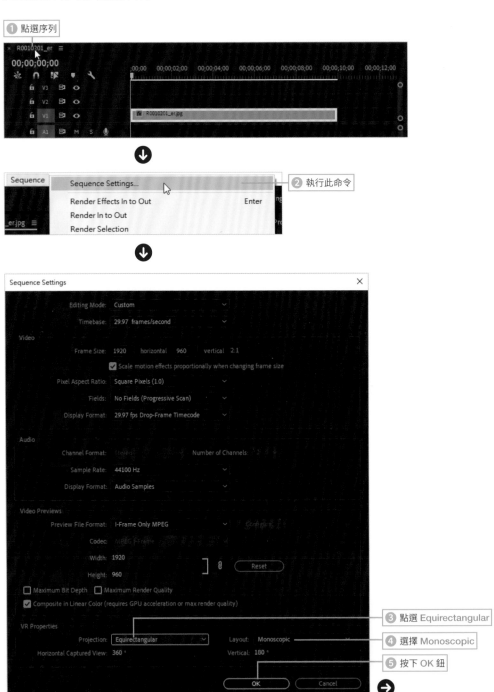

6 可啟用「VR 視訊」了

TIPS　**與 VR 影片一起使用的情況**

如果將 VR 影片與 VR 照片一起使用時，可以用 VR 影片設定序列，並繼續在該序列配置 VR 照片。不過，影片與照片的影格大小不同，所以需要調整照片的比例。

TIPS　**校正照片的顏色或亮度**

配置在序列的照片可先將工作區切換成 **Color**，然後在 VR 顯示模式底下校正顏色或亮度。下圖是利用 **Basic Correction** 的 **Exposure** 調整亮度。

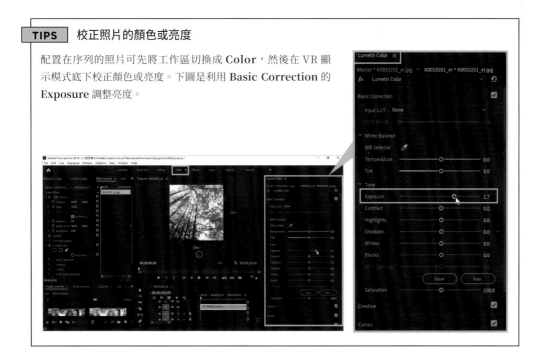

9-13
在 VR 照片上重疊影片

使用頻率	設定了 VR 屬性的序列還是可以配置一般影片。在這種情況下，剪
★ ★ ☆	輯的是一般影片而不是 VR 影片。

在 VR 照片上再疊上一般影片

在 VR 照片上，可疊上一般高畫質影片。

VR 照片

POINT

編註：此 VR 照片礙於版權關係無法提供練習，你可以自行匯入 VR 照片或是使用上個單元的照片來練習。

一般影片 _1

重疊後的結果

一般影片 _2

底下我們將示範在 VR 照片上再重疊一般的影片。

❶ 匯入影片

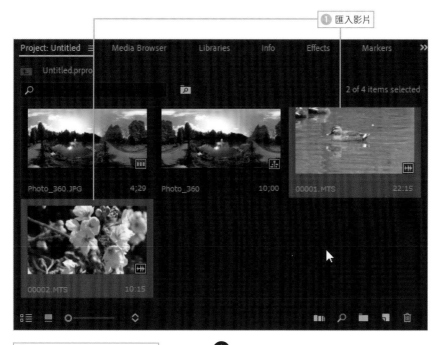

❷ 配置在以 VR 照片新增的序列裡

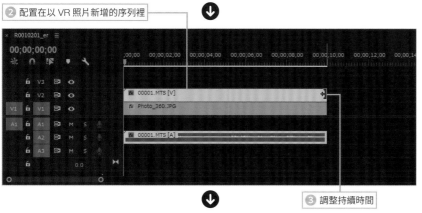

❸ 調整持續時間

④ 顯示影片

⑥ 在 Position 調整影片位置

⑤ 將 Scale 調整為「20」

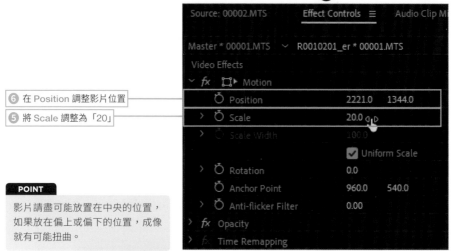

POINT

影片請盡可能放置在中央的位置，
如果放在偏上或偏下的位置，成像
就有可能扭曲。

⑦ 切換成 VR 視訊顯示模式

⑧ 播放看看內容有沒有問題

⑨ 也配置其他的視訊 ——

⑩ 可視情況配置 9-18 頁介紹的 LOGO ——

⑪ 刪除影片的聲音 ——

TIPS　**Unlink（取消連結）**

在影片上按滑鼠右鍵，從選單點選 Unlink（取消連結）後，即可刪除影片的音軌（參考 7-10 頁）。

9-14
輸出 VR 影片

使用頻率	輸出 VR 影片的方式與輸出一般影片的方法相同，本單元就來看看
☆ ☆ ☆	如何操作。

輸出編輯完成的 VR 影片

請選擇要輸出的序列，再執行 File → Export → Media... 命令，開啟 Export Settings 交談窗。有關設定值的部份，建議以下圖說明的格式輸出 VR 影片。

2 選擇 Match Source - High bitrate

1 選擇 H.264

3 按下 Export 鈕

POINT

輸出的 Summary 內容如下。由於影格大小為「1920×960」，所以與「等距柱狀投影法」格式的影格一樣大。

> Summary
> Output: C:\User...ments\Adobe\Premiere Pro\13.0\Premiere_VR_1.mp4
> 1920x960 (1.0), 29.97 fps, Progressive, Hardware Encoding, ...
> VBR, 1 pass, Target 10.00 Mbps
> AAC, 320 kbps, 48 kHz, Stereo
> Source: Sequence, Premiere_VR
> 1920x960 (1.0), 29.97 fps, Progressive, 00:00:29:15
> 48000 Hz, Stereo

4 利用 VR 攝影機（如 RICOH THETA）附贈的軟體播放輸出的影片，確認 VR 的內容

9-15
上傳至 YouTube

使用頻率 ☆☆☆	要將 VR 影片上傳至 YouTube，其方法與一般影片相同，我們來看看如何進行設定吧！

上傳至 YouTube 的設定

要將編輯完成的 VR 影片上傳至 YouTube，必須勾選 Video Is VR 設定。Premiere Pro CC 會將輸出的影片記錄成「這是 VR 影片」，如果沒有這個記錄，YouTube 就無法將這個影片辨識為 VR 影片，也無法進行 VR 才有的互動性操作。

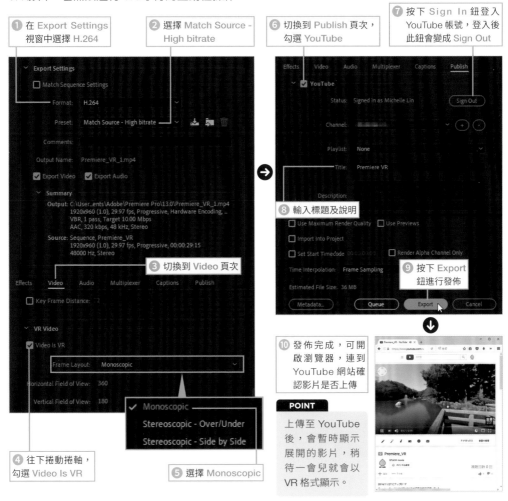

❶ 在 Export Settings 視窗中選擇 H.264

❷ 選擇 Match Source - High bitrate

❸ 切換到 Video 頁次

❹ 往下捲動捲軸，勾選 Video Is VR

❺ 選擇 Monoscopic

❻ 切換到 Publish 頁次，勾選 YouTube

❼ 按下 Sign In 鈕登入 YouTube 帳號，登入後此鈕會變成 Sign Out

❽ 輸入標題及說明

❾ 按下 Export 鈕進行發佈

❿ 發佈完成，可開啟瀏覽器，連到 YouTube 網站確認影片是否上傳

POINT

上傳至 YouTube 後，會暫時顯示展開的影片，稍待一會兒就會以 VR 格式顯示。

在 Facebook 發佈 VR 影片

VR 影片除了可發佈到 YouTube 外，也可以發佈到 Facebook。只要登入 Facebook，在建立新貼文時選擇**相片／影片**，再上傳 VR 影片即可。上傳後需要一小段時間才會顯示，之後就能在 Facebook 欣賞 VR 影片。

❶ 上傳 VR 影片，接著再按發佈鈕

❷ 顯示正在處理影片的訊息

❸ 處理完畢

❹ 在 Facebook 瀏覽 VR 影片

在 Facebook 的動態時報中，只要捲動到 VR 影片就會自動播放

將滑鼠移到影片中拖曳，即可移動 VR 影片的場景

CHAPTER

10

在行動裝置使用
「Premiere Clip」
編輯影片

利用智慧型手機拍攝、編輯影片並發佈到社群網站的人
愈來愈多。所以本章會詳細介紹智慧型手機專用的免費
影片編輯軟體『Adobe Premiere Clip』的使用方法。
除了介紹 Premiere Clip 編輯與上傳影片的方法，也
會介紹如何在電腦版的 Premiere Pro CC 進一步編輯
Premiere Clip 所建立的專案。

10-1
在手機下載 Premiere Clip

使用頻率 ★ ☆ ☆	首先，我們要教您下載及安裝 Adobe 專為智慧型手機設計的免費影片編輯軟體 Adobe Premiere Clip（以下簡稱「Premiere Clip」）。

如何下載 Premiere Clip？

如果您使用的是 iPhone，可在 App Store 中下載 Premiere Clip，如果使用的是 Android 手機，則可在 Google 的 Play 商店下載。

安裝完成的 Premiere Clip

在 App Store 搜尋 Premiere，即可找到軟體，點選取得鈕即可開始下載及安裝

TIPS　取得 Adobe ID

使用 Premiere Clip 前必須先登入 Adobe ID，若您尚未註冊 Adobe ID 可在安裝 Premiere Clip 後進行申請，註冊此帳號是免費的。
首次啟動 Premiere Clip 會顯示登入畫面，點選**註冊**鈕，即可依畫面指示取得 Adobe ID。

輸入個人資料後，再點選**註冊**鈕

TIPS　取得「Premiere Clip」

不論是 iPhone 或 Android 手機，都可用條碼掃描軟體掃瞄底下的 QRCode，來下載及安裝 Premiere Pro。

iPhone

https://itunes.apple.com/jp/app/adobe-premiere-clip/id919399401?ls=1&mt=8#

Android

https://play.google.com/store/apps/details?id=com.adobe.premiereclip

10-2
進入 Premiere Clip 的編輯模式

使用頻率 ★ ★ ☆	要使用 Premiere Clip 必須在啟動應用程式後登入 Adobe ID，只要沒有登出帳號，之後啟動軟體就不需要再登入。

啟動與登入 Premiere Clip

首先，請啟動 Premiere Clip，接著使用 Adobe ID 登入。

① 啟動 Premiere Clip

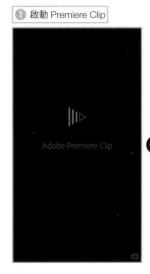

② 點選登入鈕（只有第一次啟動需要登入）

> **TIPS** 也可以從電腦上取得 Adobe ID
>
> 使用 Premiere Clip 所需的 Adobe ID 也可以透過電腦取得。請開啟瀏覽器，連到 Adobe 網站（https://www.adobe.com/tw），按右上角的**登入**鈕，進入登入畫面後，點選**取得 Adobe ID** 連結，即可開始註冊。
>
>

③ 輸入 Adobe ID 及密碼，再點選登入鈕

④ 進入我的專案畫面

⑤ 點選右上角的＋，即可進入影片的編輯環境

CHAPTER 10 在行動裝置使用「Premiere Clip」編輯影片

10-3
匯入影片

使用頻率 ★ ★ ☆	上個單元提到，按下右上角的＋鈕，可進入 Premiere 的編輯畫面，本單元將說明如何匯入要編輯的影片。

以「任意形狀」的編輯方式匯入

在 Premiere Clip 編輯影片時，可使用 iPhone 這類智慧型手機所拍攝的影片。請試著匯入一些影片做練習。

POINT

若是匯入照片，還可製作如幻燈片播放的影片。

POINT

若要取消選取影片，只要再次點選影片即可。

① 點選右上角的＋，再點選在我的 iPhone 上即可匯入影片

② 此時，畫面上會出現「Adobe Clip」想要取用您的照片訊息，請點選好鈕，接著再點選存放影片的相簿

③ ——點選影片縮圖

④ 選取的影片會打勾

⑤ 點選新增鈕

⑥ 點選任意形狀這個編輯方式

自動
Clip 會為您產生新的視訊，依導輯即拍攝進行編輯。您可自打節奏、音樂和順序。

任意形狀
手動剪輯、排序和編輯。

⑦ 匯入選取的影片，進入編輯畫面

持續時間：3:21

10-4
繼續新增影片

使用頻率	匯入影片,進入編輯畫面後,仍然可繼續新增影片。除了影片
★ ★ ☆	外,也可以新增照片。

新增影片

在編輯畫面中可以新增影片,也可以新增照片。

② 選擇影片的來源位置

③ 點選相簿,以挑選影片

① 點選右下角的 +

④ 選擇影片

⑤ 點選新增鈕

⑥ 新增影片了

POINT

你可以新增影片或照片來進行編輯,或是使用從 iTunes 匯入的照片或影片。

10-5
刪除影片

 iOS | Android

使用頻率 ★★☆	若有用不到的影片可將它刪除，當然也可以再次從相機膠卷等儲存位置重新加入被刪除的影片。

刪除與重新加入影片

多餘的影片可將它從編輯畫面刪除，之後若有需要再重新加入。

① 點選要刪除的影片

③ 此時會出現垃圾筒符號

② 點選縮圖右上角的 ✕

④ 點選垃圾筒

⑤ 刪除影片了（原本有 8 段影片，現在變成 7 段）

⑥ 若是不小心誤刪了影片，請按下＋鈕，重新選取

TIPS 影片與照片

Premiere Clip 可編輯影片及照片素材。匯入影片後，縮圖的左下角會顯示攝影機符號，而照片的縮圖則不會有任何符號。

⑦ 重新加入剛剛刪除的影片

10-6
排序影片

使用頻率	編輯畫面中的影片可隨意調整位置。重點在於「長按」(按久一點)
★ ★ ☆	影片，當影片變傾斜時，就能拖曳移動。

排列影片的順序

匯入的影片會從左上到右下的排列順序來播放。拖曳影片可調整影片位置及調動播放順序。

❶ 點選要移動的影片

❷ 在影片上「長按」，影片會變傾斜

❸ 拖曳到目的位置

❹ 放開後即可配置影片

❺ 若想將影片移到原本的位置，請再次「長按」以選取影片

❻ 可自由拖曳，或是放回原本的位置

10-7
播放影片

使用頻率
★ ★ ★

要播放影片時，可先選取影片再點選播放鈕。在此要說明播放單一影片與整個專案的方法。

播放單一影片

想單獨播放影片時，只要點選影片，再點選「播放」鈕。

② 點選畫面中的白色三角形　③ 開始播放影片　④ 點選預覽畫面，即可停止播放

① 點選影片

播放整個專案

如果要從頭開始播放所有影片，可先選取開頭的影片，再按播放鈕。

① 選取開頭的影片並播放　② 依序播放後續的影片

10-8
修剪影片

<table>
<tr><td>使用頻率
★ ★ ☆</td><td>調整影片的持續時間或刪除多餘部分的作業稱為修剪，本單元要介紹影片的修剪方法。</td></tr>
</table>

調整影片的「持續時間」

匯入 Premiere Clip 的影片也可以修剪。在時間軸的左右兩側會顯示 ◀▶ 圖示，拖曳圖示就可以修剪影片。

④ 拖曳末端的 ▶

② 確認長度　① 選取影片

③ 將播放磁頭移到要修剪的位置

⑤ 持續時間改變了

TIPS　整個專案的持續時間

專案整體的「持續時間」會顯示在縮圖下方。畫面裡的**持續時間：3:24** 指的是整個專案共 3 分 24 秒的意思。

整個專案的「持續時間」

持續時間：3:24

⑥ 也可以拖曳開頭的 ◀ 圖示，修剪前面的影片

⑦ 或是拖曳回原本的位置

10-9
分割影片

使用頻率 ☆☆☆	如果影片的「持續時間」過長或含有不同的場景，可以分割成兩段，並分別移到不同的位置或是直接刪除。本單元將說明分割影片的方法。

將影片分割成兩段

要修剪較長的影片時，可將影片分割。

② 將播放磁頭移到要分割的位置

① 點選要分割的影片

③ 點選此鈕

④ 點選在播放點處分割

⑤ 分割成兩段影片

TIPS 刪除影片

如果分割出來的影片是多餘的，可點選影片右上角的 ×，再點選垃圾筒符號刪除影片。

點選垃圾筒符號，即可刪除影片

⑥ 按住後半段影片

⑦ 移到其他位置

10-10
設定轉場效果

使用頻率	轉場效果是切換場景時的效果。Premiere Clip 也可以在影片與影片的接合處套用轉場效果。
★★★	

轉場效果只有「交叉溶解」一種

Premiere Clip 可以在影片接合處套用轉場效果,可惜只有交叉溶解一種效果,無法選擇其他效果。

① 點選「齒輪」鈕

② 開啟剪輯間淡入淡出選項

POINT

Premiere Clip 內建的轉場效果只有一種,而且只要套用轉場效果,整個專案的影片銜接處都會跟著套用。

CHAPTER 10 在行動裝置使用「Premiere Clip」編輯影片

10-11
使用「相片動態」

使用頻率	接著，我們再介紹一個好用的相片效果，套用相片動態效果後，會自動慢慢地放大照片。
★ ★ ☆	

設定「相片動態」

　　Premiere Clip 除了能配置影片也能配置照片。雖然配置照片不會有任何動態效果，但只要啟用相片動態，就能在照片上套用慢慢放大的效果。

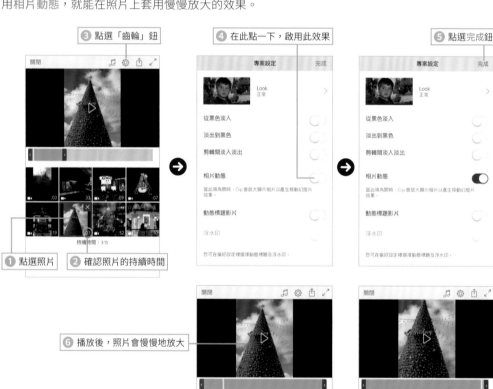

③ 點選「齒輪」鈕

④ 在此點一下，啟用此效果

⑤ 點選完成鈕

① 點選照片

② 確認照片的持續時間

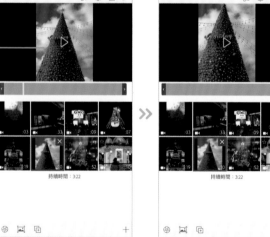

⑥ 播放後，照片會慢慢地放大

POINT

相片動態只有放大的效果，若想設定其他效果，可將專案傳送至 Premiere Pro CC，再另行編輯（參考 10-34 頁）。

10-12
設定淡入／淡出

使用頻率

★ ★ ☆

Premiere Clip 也可以設定淡入／淡出效果。底下的範例要示範在專案的開頭與結尾套用淡入／淡出的方法，套用此效果可讓影片在開始及結束播放時比較不突兀。

設定淡入／淡出

在 Premiere Clip 製作的影片會突然開始播放又突然結束，為了緩和這種突兀感，可在開頭影片套用淡入效果，並在結尾影片套用淡出效果。

POINT

背景只能設為黑色，無法設為其他顏色。

① 點選「齒輪」鈕

③ 點選完成鈕

② 啟用這兩個選項

④ 開始播放

⑤ 顯示黑色畫面

⑥ 從黑色背景淡入

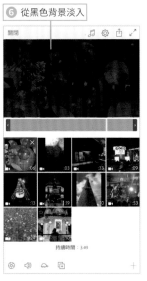

⑦ 從黑色背景淡出

10-13
「Look」特效

使用頻率	
☆ ☆ ☆	Premiere Clip 內建了變更影片顏色的「Look」效果，本單元要套用不同的「Look」效果，藉此改變影片的氛圍。

利用「Look」調整影片的氛圍

套用 Look 效果，可讓影片變成黑白或是其它色調。

① 點選「齒輪」鈕

② 點選 Look

③ 點選要套用的效果（例如：黑色）

⑤ 點選專案設定，回到前一個畫面

④ 再試試選取其它效果

⑥ 點選完成鈕

TIPS 還原效果

「Look」的效果會套用在整個專案的影片裡，無法單獨套用在選取的影片上。若要取消效果，可再次開啟「Look」設定畫面，點選**正常**的效果縮圖，即可回復。

10-14
開場及結尾文字說明

使用頻率
★ ★ ☆

完成影片的修剪，接著要設定整個專案的開場及結束文字，這樣在播放專案影片時，可以讓人更了解整體影片的主軸是什麼。

製作開場文字

首先，我們來製作開場文字，要注意的是只能使用預設字型，無法選擇其它字型。

① 點選右下角的＋

② 點選新標題

③ 點選畫面中央的區域

④ 顯示輸入文字視窗
⑤ 點選視窗內部

⑥ 顯示鍵盤

⑦ 輸入文字
⑧ 點選完成

⑨ 顯示文字

變更文字與背景的顏色

預設輸入的文字顏色為白色，接著說明如何變更文字及背景顏色。

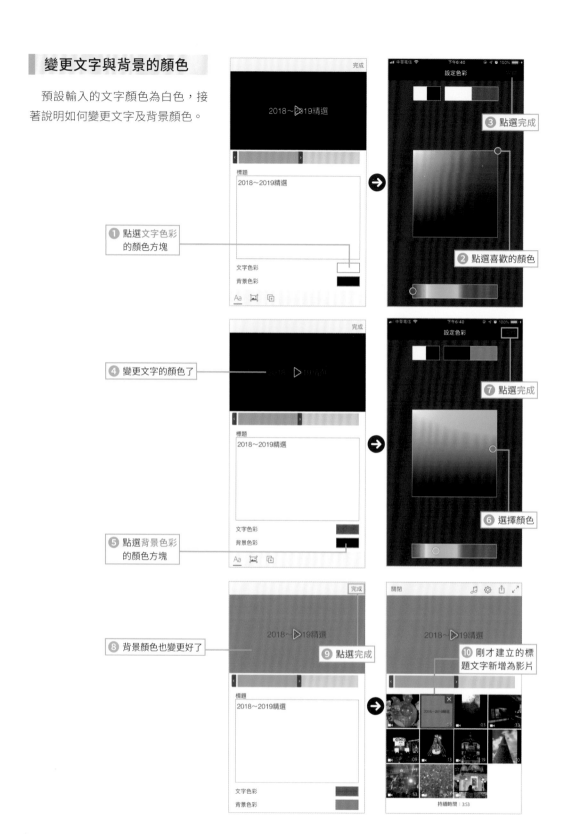

① 點選文字色彩的顏色方塊

② 點選喜歡的顏色

③ 點選完成

④ 變更文字的顏色了

⑤ 點選背景色彩的顏色方塊

⑥ 選擇顏色

⑦ 點選完成

⑧ 背景顏色也變更好了

⑨ 點選完成

⑩ 剛才建立的標題文字新增為影片

移動文字位置

接著，要將剛剛製作的開場文字移到影片的開頭。

① 在影片上長按 (按久一點)

② 拖曳到最前面

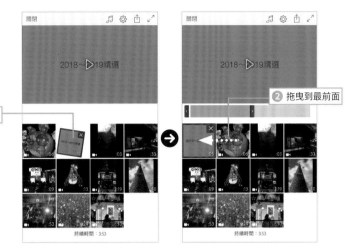

複製影片

接著要製作結尾文字。如果希望套用相同的設計，可複製開場文字再做修改，這樣可以大幅簡化操作步驟。

① 點選影片

② 點選此鈕

③ 點選 重複剪輯

④ 複製影片了

⑤ 將影片移至最後

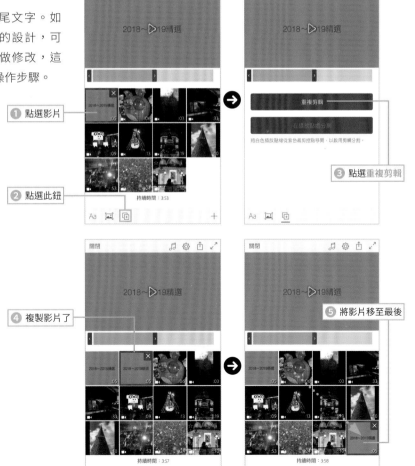

製作結尾文字

接著要製作結尾文字。剛才我們複製一份開頭文字的影片,現在只要修改文字就可完成結尾文字的製作。

③ 點選輸入區域

⑤ 輸入文字

⑥ 點選完成

① 在影片上雙按

② 點選文字部分

④ 顯示鍵盤

⑧ 點選完成

⑦ 顯示文字

⑨ 結尾文字製作完成了

POINT

Premiere Clip 只能進行一個軌道的編輯,無法讓標題與影片重疊在一起。若想做這樣的合成,可先將專案上傳至 Creative Cloud,再開啟 Premiere Pro CC 編輯。

10-15
複製影片

使用頻率 ★ ★ ☆	有時想用同一段影片來製作特殊效果（如色彩變化），這時就可以複製多段相同的影片來編輯。

複製影片

想用相同的影片來編輯，可按＋鈕來新增，但操作步驟較多，這裡要教您更快的方法，那就是直接複製影片就可以了。

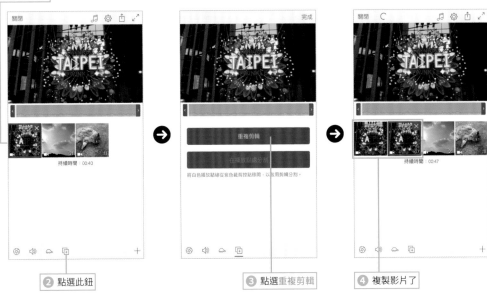

① 選擇影片

② 點選此鈕

③ 點選重複剪輯

④ 複製影片了

CHAPTER 10　在行動裝置使用「Premiere Clip」編輯影片

TIPS ｜ **複製影片的適用時機**

除了複製影片來變化效果外，上個單元我們介紹過的開場／結尾文字，這類需要輸入與設定的影片，用複製的方式來新增會更方便。

10-16
設定背景音樂（BGM）

使用頻率	替影片設定 BGM，可提高作品的質感甚至可以改變整體的氣氛。本單元將說明在 Premiere Clip 加入 BGM 的方法。
★ ★ ☆	

▌設定 BGM

　　背景音樂除了可用 Premiere Clip 內建的預設集，也可以選用 iPhone 的播放清單這些個人喜歡的歌曲。此外，匯入的 BGM 會新增在「音訊軌道」，但不會顯示在畫面上。

① 點選音符圖示

② 接著會出現「Adobe Clip」想要取用您的音樂和影片…訊息，請點選好，接著點選 Premiere Clip 主題

④ 點選最面前的箭頭來播放

③ 選擇要使用的歌曲

⑤ 點選增加

⑦ 啟用自動混合、音軌循環及音效淡出等選項

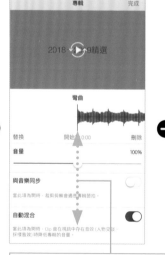

⑥ 上下滑動畫面，可顯示隱藏的選項

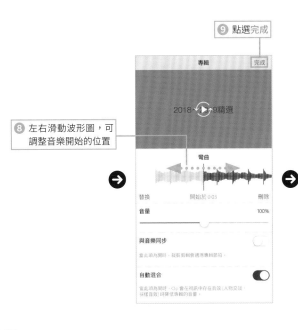

⑨ 點選完成

設定 BGM 後,不會特別顯示音訊軌道

⑧ 左右滑動波形圖,可調整音樂開始的位置

▶ 調整音量

加入背景音樂後,可以播放整個專案看看,若覺得 BGM 的音量太大或太小聲,請點選右上角的音符圖示進入編輯畫面。

左右拖曳滑桿來調整音量大小

TIPS 與音樂同步

若啟用**與音樂同步**選項,影片會與音樂的節拍同步,播放的軌道也會顯示節拍的強弱符號,大的圓點代表節拍較強。

TIPS 自動混合

若是影片本身有聲音,啟用**自動混合**選項,BGM 的音量會隨著影片的聲音自動調降。

10-17
調整影片的音量

使用頻率
☆ ☆ ☆

影片的聲音與 BGM 的音訊軌道不同（雖然不會顯示在畫面中），必須另外做調整。本單元將說明調整影片音量的方法。

音量調整

④ 點選完成

TIPS 關閉影片的音量

若想關閉影片的聲音（例如拍攝現場很吵雜），只要取消**播放音效**選項即可。

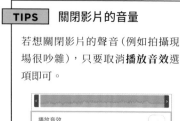

② 點選此圖示　① 點選影片　③ 拖曳滑桿，調整音量

TIPS 使用「智慧音量」功能

若啟用**智慧音量**功能，可讓影片的所有音效都增加到一致的音量。

TIPS 音效淡入與淡出

可單獨設定淡入或淡出效果，不一定要同時啟用這兩個選項。

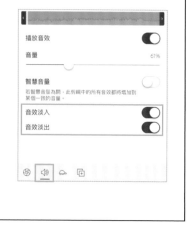

10-18
調整影片的「曝光度」、「亮部」與「陰影」

使用頻率 ★ ★ ★	Premiere Clip 內建三個校正影片亮度與對比的功能，點選影片後，再點選左下角的 ⑤ 圖示，即可進行設定。

利用各個選項來修正影片的明、暗

Premiere Clip 內建了曝光度、亮部、陰影功能，可調整影像的對比或是過暗的部分。

調整前

調整後

曝光度增加太多會讓天空過亮，提高陰影可增加建築物的亮度

▶ **調整「曝光度」**

調整曝光度滑桿，可讓影像變亮或變暗。

① 調整前

② 提升整體亮度，但部份雲朵失去細節

③ 降低整體亮度，雲朵的細節變多，但整體變暗

▶ **調整亮部**

亮部可針對影像中較亮（High Light）的區域做調整。

① 調整前　　② 讓亮部（天空）變得更亮，但仍保留細節　　③ 讓亮部（天空）變得較暗

▶ **調整陰影**

陰影可針對影像中較暗的區域做調整。

① 調整前　　② 讓暗部（建築物的部份）變亮　　③ 讓暗部（建築物的部份）變暗

10-19
結束專案與變更專案名稱

使用頻率

★ ★ ★

專案編輯完成後，可結束專案，也可視情況變更專案的名稱。

結束與重新編輯專案

完成編輯的專案可點選關閉來結束。此外，預設的專案名稱就是開始編輯影片的日期，這個名稱是可以隨時變更的。此外，下次如果要繼續編輯專案，只要點選專案的縮圖就可以進入編輯畫面。

① 點選關閉

② 點選專案名稱

④ 變更專案名稱　　**③** 顯示鍵盤

⑤ 點選完成

⑥ 點選專案縮圖

⑦ 可重新編輯影片

10-20
設定「慢動作」

使用頻率	Premiere Clip 內建了慢動作功能，可輕鬆製作慢動作影片。接下來為大家說明慢動作的製作方法。
★★☆	

製作「慢動作」影片

若是將急駛的汽車或人們快走的影片設為慢動作，就能讓影片變得更有視覺的衝擊力。Premiere Clip 可輕鬆製作慢動作影片。

❶ 點選影片 (行駛中的火車)

❷ 影片的持續時間為 20 秒

❸ 點選烏龜圖示

❹ 慢動作的設定畫面

❻ 點選完成

❺ 向左拖曳滑桿，可將影片的速度調慢

❼ 持續時間變成 40 秒了，請試著播放看看，就能明顯感受到慢動作效果

> **POINT**
>
> Premiere Clip 雖然可製作慢動作影片，卻無法製作快轉影片。

10-21
從 Premiere Clip 輸出影片

使用頻率	在 Premiere Clip 編輯的專案能以各種格式輸出。接下來將說明從 Premiere Clip 輸出影片的方法。
★ ★ ☆	

開啟輸出選單

完成編輯的專案可輸出為視訊檔或專案檔。讓我們開啟 Premiere Clip 的選單，從中選擇輸出的方法吧！

① 點選輸出圖示

以影片的方式儲存至 iPhone 的相機膠卷 (或 Android 的相簿) ── 儲存至相機膠卷

儲存到 Creative Cloud ── 將影片輸出／上傳至 Creative Cloud

將影片輸出／儲存至 Dropbox ── 儲存至 Dropbox

將專案的檔案上傳至 Creative Cloud，就能在 Premiere Pro CC 編輯 ── 發佈及分享 ── 在 Adobe 網站分享影片

傳送到 Premiere Pro CC

將影片上傳至 Twitter 分享 ── 在 YouTube 上分享 ── 將影片上傳至 YouTube 分享

在 Twitter 上分享

② 開啟選單

① 儲存至手機中的相簿

可將影片輸出到手機中的相簿，再於智慧型手機播放。

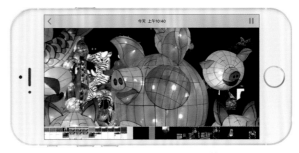

可將影片輸出到手機的相簿裡

2 儲存到 Creative Cloud

選擇此項，會將在手機中編輯好的專案儲存成影片檔，並上傳到 Adobe Creative Cloud。只要在電腦中登入 Adobe Creative Cloud 的帳號，就可以看到透過手機上傳的檔案了。

1 雙按桌面上或開始功能表中的 Adobe Creative Cloud

2 切換到檔案 (舊版為「資產」) 頁次，再點選開啟檔案夾

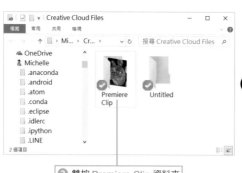

3 雙按 Premiere Clip 資料夾

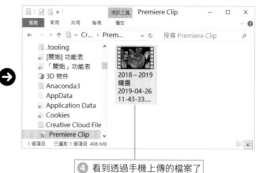

4 看到透過手機上傳的檔案了

3 發佈及分享

若選擇公開，會將影片上傳到 Adobe 網站並發佈給所有人觀看。此外，你也可以複製網址再透過電子郵件與其他朋友分享。

1 選擇公開 (所有人都可以觀看) 或未列出 (只有知道網址的人才能觀看)

2 點選發佈

③ 顯示此訊息,表示影片已上傳完成

④ 點選分享視訊

⑤ 點選公開網址的方法(在此選擇複製連結)

POINT

您所發佈的影片會上傳到 Adobe 網站,右列網址最後的「xxxx-xxxxxx」為亂數產生的英文大小寫字母,請點選您實際上傳後的網址來觀看影片,在此僅作為示範說明。

⑥ 透過發佈及分享功能所發佈的影片,點選中間的三角形即可開始播放

http://premiereclip.adobe.com/videos/xxxx-xxxxxx

▶ **確認是否發佈**

① 啟動 Premiere Clip,開啟我的專案畫面

POINT

編註:若要刪除已發佈到 Adobe 網站的影片,可在影片縮圖的右下方點按 ••• 鈕,再選擇刪除。

② 點選已發佈

③ 顯示已發佈影片的縮圖

10-22
在平板電腦使用 Premiere Clip

使用頻率	使用平板電腦（如：iPad）也可以安裝 Premiere Clip 來剪輯影片，其基本操作與 iPhone 相同，只有部份的選項按鈕不同。
★ ★ ☆	

從登入到開始編輯

要在 iPad 上使用 Premiere Clip，得先登入 Adobe ID，再選擇想要編輯的影片。底下的範例在挑選好影片後，以任意形狀的編輯模式進行操作。

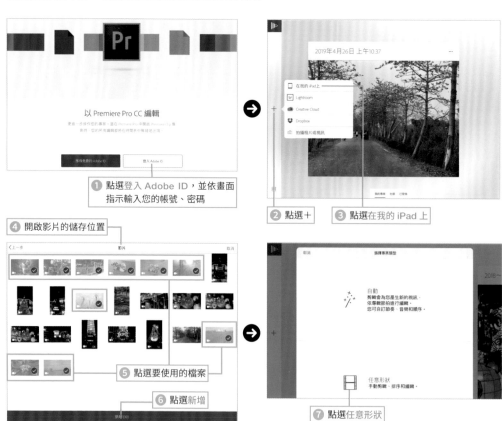

❶ 點選登入 Adobe ID，並依畫面指示輸入您的帳號、密碼

❷ 點選＋　　❸ 點選在我的 iPad 上

❹ 開啟影片的儲存位置

❺ 點選要使用的檔案

❻ 點選新增

❼ 點選任意形狀

排序影片與設定轉場效果

剛剛挑選的影片會匯入 Premiere Clip，現在就可以開始編輯，我們要先調整影片的前後順序，接著再設定轉場效果。

① 匯入影片了　　② 在影片上長按　　③ 拖曳影片，調整影片的順序

④ 點選「齒輪」圖示

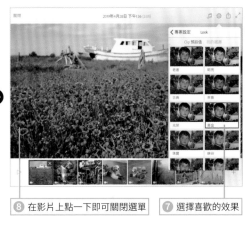

⑥ 點選 Look 正常　　⑤ 啟用剪輯間淡入淡出選項　　⑧ 在影片上點一下即可關閉選單　　⑦ 選擇喜歡的效果

加入文字標題、修剪影片長度

調整好影片的順序後，接著要輸入文字標題，輸入的方法和在 iPhone 上的操作一樣。如果打算修剪影片，可在點選影片後，待顯示時間軸再做修剪。

③ 在此輸入文字

② 點選新標題　　① 點選右下角的＋　　④ 點選此鈕可關閉鍵盤

⑤ 設定文字顏色

⑨ 開啟時間軸

⑥ 設定背景顏色

⑧ 在畫面上點一下

⑦ 接著要進行影片的修剪，請選取影片

⑩ 拖曳紫色控點，修剪長度

調整影片的亮度、加入音樂及輸出

曝光度、影片音量、播放速度這類影片屬性的調整可先點選畫面，開啟選單之後再進行調整。調整完畢，只要再次點選畫面即可關閉選單。至於輸出的方法和在 iPhone 輸出的方法相同。

① 點選畫面

② 開啟選單

④ 拖曳各參數的滑桿，調整影片亮度

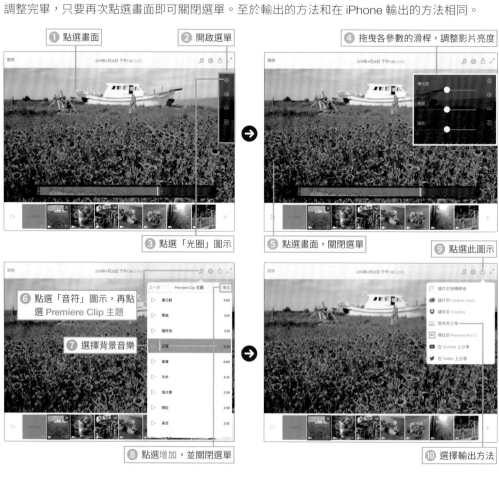

③ 點選「光圈」圖示

⑤ 點選畫面，關閉選單

⑨ 點選此圖示

⑥ 點選「音符」圖示，再點選 Premiere Clip 主題

⑦ 選擇背景音樂

⑧ 點選增加，並關閉選單

⑩ 選擇輸出方法

10-23
在 YouTube 發佈影片

使用頻率	
★ ★ ☆	製作完成的專案可以直接透過 Premiere Clip 上傳至 YouTube，並且同時發佈影片。

執行「在 YouTube 上分享」

影片編輯完成，從 Premiere Clip 執行在 YouTube 上分享，就可直接將影片上傳到 YouTube 並發佈，簡化許多操作步驟。

① 點選最上面的 ⬆ 圖示，再點選此項

② 登入 Google 帳號、密碼，再按下繼續鈕，以便上傳至 YouTube

③ 點選公開

④ 開始上傳至 YouTube

⑤ 完成上傳

⑥ 點選這裡

POINT

只要曾經在 Premiere Clip 登入過 YouTube，在登出之前，都不需要再重新登入。

最底下顯示 Google 帳號，表示已登入 YouTube

⑦ 啟動手機上的 YouTubeApp，可確認影片是否上傳

⑧ 透過電腦連到 YouTube 網站，並登入 Google 帳號，也可以查看影片是否上傳

10-24
在 Premiere Pro 重新編輯
Premiere Clip 的專案

使用頻率	在 Premiere Clip 編輯的專案可上傳到 Creative Cloud 後，重新在
★ ★ ☆	電腦版的 Premiere Pro 編輯。

上傳專案

在 Premiere Clip 完成影片的編輯後，請點選傳送到 Premiere Pro CC，將專案上傳至 Creative Cloud 的資料夾。

❶ 點選此項

❷ 專案上傳中

❸ 完成上傳

❹ 點選確定

▶ 確認檔案

專案上傳後，可從 Creative Cloud 網站確認剛才上傳的檔案是否正確。

❷ 點選檔案（舊版名稱為「資產」）

❶ 從電腦上的桌面或開始功能表，雙按此圖示

❸ 點選開啟檔案夾

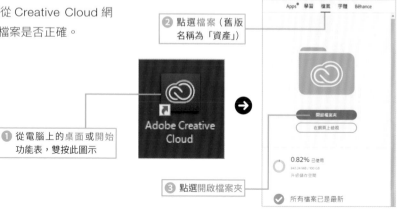

POINT

將 Premiere Clip 的影片儲存到 Creative Cloud 時，檔案會儲存在 **Premiere Clip** 資料夾。

④ 開啟 **AdobePremiereClipExport** 資料夾

⑤ 開啟資料夾

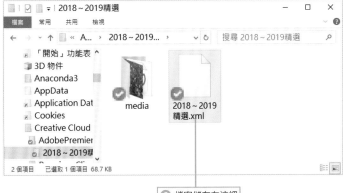

⑥ 檔案儲存在這裡

在 Premiere Pro CC 編輯

專案上傳完成後，就可以開啟電腦版的 Premiere Pro CC 編輯了！

① 點選 New Project

② 輸入專案名稱

③ 按 Browse 鈕，選擇專案檔的儲存位置

④ 點選 OK 鈕

⑤ 進入 Premiere Pro 編輯畫面後，請執行此命令

⑥ 開啟 Creative Cloud 的資料夾

⑦ 點選儲存專案的資料夾

⑧ 按下開啟鈕

⑨ 選擇 xml 檔

⑩ 按下開啟鈕

⑪ 正在匯入專案

> **TIPS** 新增軌道
>
> 在電腦中編輯 Premiere Clip 的專案時，只會建立最低需求的軌道。若要進行較複雜的編輯，可視情況自行新增軌道。

⑫ 載入素材檔案

⑬ 序列軌道記錄了相關的編輯資訊

⑭ 可繼續編輯專案

作者簡介

阿部信行（あべのぶゆき）

千葉縣出生，畢業於日本大學文理學系獨文學科。

撰寫許多視訊相關文章，是一名從商業軟體到網頁製作都涉略的電腦科技寫手 & 雜誌編輯。以寫作、編輯為主業，也負責網頁製作與活動現場轉播。此外，作者也會因應各界的邀請擔任客座講師。目前是 Stack 股份有限公司的董事長。

網站

http://stack.co.jp/

主要著作

- 『Premiere Pro & After Effects いますぐ作れる！ ムービー制作の教科書』(技術評論社)
  （暫譯：Premiere Pro & After Effects 立即上手！製作影片的教科書）

- 『Premiere Pro CC 2014 スーパーリファレンス』(ソーテック社)
  （暫譯：Premiere Pro CC 2014 超級參考手冊）

- 『できるポケット iPhone アプリ超事典 1000[2016 年版]iPhone/iPad 対応』(共著・Impress)
  （暫譯：超實用 iPhone App 事典 1000 [2016 年版] 支援 iPhone／iPad）